Applications de l'Équation de Nernst

Par Dr. Malika Ammam

Copyright© 2017 Malika Ammam. Tous droits réservés.

Offres de Remise

5% de réduction pour des achats de 1 à 5 livres.

8% de réduction pour des achats de plus de 5 livres.

Pour recevoir la remise, envoyez votre demande via https://www.malika-ammam.com/ avec les détails de votre commande et compte PayPal. Assurez-vous que les détails de votre commande (Amazon ou autres sites) ont dépassé la politique de retour de 30 jours.

Merci,

Introduction

En tant que professeure de chimie physique, j'ai remarqué que les étudiants, même dans des classes avancées, ont des difficultés à comprendre les bases d'oxydoréduction (chimie redox ou électrochimie). Section 6 discute certaines applications de l'équation de Nernst dans les systèmes électrochimiques, y compris l'énergie (consommation ou génération), corrosion, titrages redox, ainsi que l'étude des processus de solubilité, précipitation et complexation. Pour clarifier davantage les concepts discutés, un grand nombre de questions et problèmes avec réponses détaillées sont fournis. La plupart de ces questions sont formulées par des étudiants comme vous. Je crois que cette Section 6 aiderait grandement les étudiants avec des niveaux variant de l'école secondaire aux cours universitaires avancés.

Sommaire

Les équilibres redox sont expliqués précédemment par l'équation de Nernst, qui pourrait être appliquée dans de nombreux systèmes électrochimiques pour estimer ses quantités, telles que les potentiels et concentrations des espèces redox en solution. Cette section est consacrée aux applications de l'équation de Nernst dans les systèmes électrochimiques, y compris les cellules énergétiques (consommation ou génération), corrosion, titrages redox, ainsi que l'étude des réactions de solubilité, précipitation et complexation.

1. Cellules électrolytiques

Les cellules électrolytiques sont une catégorie de cellules électrochimiques qui consomment de l'énergie sous forme d'électricité pour produire des réactions électrochimiques[1]. Du point de vue thermodynamique, les réactions d'oxydoréduction se produisant dans les cellules électrolytiques ne sont pas spontanées puisque une énergie externe est utilisée pour produire ces réactions ($\Delta G>0$ ou $\Delta E<0$). L'équation de Nernst convient aux cellules électrolytiques pour déterminer des quantités, telles que le potentiel, concentration, nombre d'électrons transférés pendant le processus, ainsi que la charge électrique ($q = -\frac{\Delta G}{E} = nF$, où q est la charge transférée et E représente le potentiel entre les deux électrodes de la cellule). Des exemples typiques de cellules électrolytiques sont ceux conçus pour l'électrolyse et galvanoplastie.

1.1. Électrolyse

En électrolyse, des courants électriques externes générés par des sources d'énergie comme des batteries sont utilisées pour forcer des réactions chimiques à se produire[1-3]. Le passage du courant électrique à travers la cellule arrache les électrons de certaines espèces chimiques à l'anode. Ces électrons vont ensuite passer à travers le circuit externe vers la cathode où ils réduisent d'autres espèces chimiques. Dans le circuit interne, les cations et anions présents en solution se déplaceront vers les électrodes de charge opposée pour neutraliser l'excès de change accumulé sur chaque pôle et maintenir l'électroneutralité de la cellule globale.

Un exemple typique d'électrolyse est la décomposition de l'eau lors du passage d'un courant électrique d'au moins 1,23 V à travers un électrolyte aqueux. L'électrolyse de l'eau pure forme un de O_2 à l'anode et H_2 à la cathode. Les gaz dégagés génèrent des bulles aux deux électrodes. Les deux demi-réactions et la réaction redox globale de l'électrolyse de l'eau sont:

Oxydation: $2H_2O_{(l)} \rightarrow 4H^+_{(aq)} + O_{2(g)} + 4e^-$

Réduction: $2H_2O_{(l)} + 2e^- \rightarrow H_{2(g)} + 2OH^-_{(aq)}$

Réaction globale: $2H_2O_{(l)} \rightarrow 2H_{2(g)} + O_{2(g)}$

Le processus d'électrolyse ne s'applique pas qu'à l'eau, mais d'autres substances peuvent également être électrolysées. Par exemple, les sels fondus comme le NaCl à 801 °C soumis à un courant électrique dans une cellule polarisée se séparent en chlore gazeux (Cl_2) à une électrode et dépose du sodium métallique à l'autre électrode.

Oxydation: $Cl^- \rightarrow \frac{1}{2}Cl_{2(g)} + e^-$

Réduction: $Na^+ + e^- \rightarrow Na_{(fondu)}$

Réaction globale: $Cl^- + Na^+ \rightarrow \frac{1}{2}Cl_{2(g)} + Na$

Lorsque NaCl est dissous dans l'eau, l'électrolyse devrait produire de l'hydrogène gazeux (H_2) à la cathode et du chlore gazeux (Cl_2) à l'anode.

Oxydation: $2Cl^- \rightarrow Cl_{2(g)} + 2e^-$

Réduction: $2H^+_{(aq)} + 2e^- \rightarrow H_{2(g)}$ ou $2H_2O_{(aq)} + 2e^- \rightarrow H_{2(g)} + 2OH^-_{(aq)}$

En d'autres termes, la présence de plusieurs ions concurrents en solution devrait d'abord réduire ou oxyder ceux ayant des affinités plus élevées aux électrons (énergies ou potentiels inférieurs). Par exemple, Na^+ peut être réduit en Na dans une solution aqueuse contenant du NaCl, mais cela nécessite une énergie (ou potentiel) élevée et puisque d'autres espèces comme de H^+ et H_2O sont présentes et nécessitent des énergies plus faibles, elles seront réduites en premier. Par comparaison, à l'état fondu, seuls les ions de Na^+ et Cl^- sont présents dans le milieu, ils seront donc les seules espèces soumises à la réduction et à l'oxydation, bien qu'elles nécessitent des énergies (ou potentiels) élevées.

Au cours d'électrolyse, la variation de la masse et du nombre d'électrons peut être quantifiée à l'aide de la loi de Faraday. Quantitativement, le changement de masse d'une substance soumise à un courant électrique traversant une solution d'électrolyte est proportionnel à la quantité de charge électrique traversée par le circuit. En outre, la même quantité d'électricité passée à travers la cellule devrait toujours induire le même changement de masse d'espèces données. D'autre part, la réduction ou l'oxydation de 1 mole d'une substance impliquant le transfert d'un électron pendant l'électrolyse nécessite toujours 96485 coulombs de charge électrique, connue sous le nom de nombre de Faraday.

La loi de Faraday est exprimée par:

$q = it = \frac{mFz}{M}$, ou $m = \left(\frac{qM}{Fz}\right)$

Où *m* est la masse de la substance en grammes, *q* est la charge électrique totale traversant la substance, *i* est le courant électrique en ampère (A), *F* est la constante de Faraday (F = 96485 C mol^{-1}), M est la masse molaire de la substance en (g mol^{-1}) et z représente la valence de la substance ou le nombre d'électrons transférés par ion.

1.2. Galvanoplastie

L'électrodéposition est similaire à l'électrolyse, mais au lieu d'utiliser des sels de métaux alcalins pour transporter la charge électrique en solution, des sels métalliques comme ($CuSO_4$, $FeCl_2$, $AuCl_3$) sont utilisés. L'application d'un courant électrique à ces cations métalliques induit des réductions à la cathode pour former des dépôts métalliques[1,4]. Par conséquent, l'électrodéposition est souvent utilisée pour modifier des surfaces métalliques conductrices avec d'autres métaux à des fins diverses, allant de la protection contre la corrosion à la décoration. Par exemple, la galvanoplastie est utilisée pour revêtir des bijoux comme le Ni et Cu avec de fines couches d'or (Au). Pendant ce processus, des sels à base d'or sont dissous dans l'électrolyte, qui sont ensuite réduits par application d'un courant électrique à la cellule pour déposer des fines couches d'or ($Au^{3+} + 3e^- \rightarrow Au^0$) sur la surface du bijou a métal bon marché. En outre, plusieurs monnaies sont produites par galvanoplastie, où des pièces de cuivre sont revêtues de nickel ($Ni^{2+} + 2e^- \rightarrow Ni$).

Dans l'ensemble, la combinaison de l'équation de Nernst avec la loi d'électrolyse devrait permettre de déterminer les changements dans les quantités électrochimiques se produisant dans des cellules électrolytiques.

2. Cellules galvaniques/voltaïques (ou batteries)

Comparées aux cellules électrolytiques, les cellules galvaniques produisent de l'énergie (électricité) au lieu de la consommer. Ainsi, les réactions redox dans les cellules galvaniques se produisent spontanément ($\Delta G < 0$ ou $\Delta E > 0$). Dans les cellules galvaniques, l'équation de Nernst est également utile pour quantifier des quantités telles que le potentiel, concentration, nombre d'électrons transférés et la charge électrique. Les cellules galvaniques sont également des cellules électrochimiques, fondamentalement composées de deux électrodes immergées dans des électrolytes pour former des demi-cellules séparées par une membrane poreuse (ou pont salin) assurant la migration ionique et un flux continu de charge[2,5-6]. Un pont salin est simplement un tube en forme de U inversé rempli d'électrolyte non réactif et bouché aux deux extrémités de la cellule avec du coton ou de la laine de verre. Il permet la diffusion des ions mais empêche les électrolytes des deux demi-cellules de se mélanger. Le pont salin le plus simple pourrait être formé par un papier-filtre imbibé d'électrolyte de KNO_3.

Dans les cellules galvaniques, la tension de la cellule est définie comme étant la différence des potentiels des deux demi-cellules, également appelée force électromotrice (*fem*). Le courant électrique est généré par le flux (ou transfert) d'électrons de l'endroit où ils sont produit à l'endroit où ils sont consommés. La performance de la cellule dépend à la fois du courant et du potentiel produits (force électromotrice). Ceci est quantifié par la puissance de la cellule: $P \propto I \times fem$, où P est la puissance, I est le courant, *fem* est la tension de la cellule (ou potentiel) et α symbolise la proportionnalité entre les paramètres. Notez bien que une haute tension n'induit pas nécessairement un courant élevé mais que la puissance de la cellule est proportionnelle à la tension et au courant.

Comparées aux cellules électrolytiques, les notions d'anode et de cathode sont inversées dans les cellules voltaïques. Dans les cellules galvaniques, la cathode est positive (+) et l'anode est négative (-) alors que dans les cellules électrolytiques, la cathode est négative (-) et l'anode est positive (+). Ceci est souvent exprimé par la notation abrégée (ou diagramme) des cellules: Anode|Solution d'anode solution||Solution de cathode|Cathode, où la ligne verticale unique représente le changement de phase solide/liquide/gaz et la ligne verticale double indique la séparation entre les deux demi-cellules par une barrière poreuse ou un pont salin.

Les piles galvaniques commercialisées actuellement comprennent des piles primaires (ou non rechargeables) qui peuvent fournir de l'électricité jusqu'à épuisement de tous les produits chimiques, des piles rechargeables pouvant être rechargées et déchargées pour un certain nombre de cycles et des piles tertiaires (ou piles à combustible) qui nécessitent un flux continu d'oxydant et de réducteur à convertir en électricité. Quelques exemples choisis de cellules galvaniques sont discutés ci-dessous.

2.1. Cellule de Daniell

La cellule de Daniell appartient à la catégorie des cellules primaires humides et considérée comme l'une des premières cellules électrochimiques assemblées[7]. La cellule est constituée de deux fils (Cu et Zn) placés dans deux demi-cellules contenant respectivement des électrolytes de $CuSO_4$ et $ZnSO_4$. La différence de potentiel entre les demi-cellules à base de Cu et Zn induit l'oxydation de Zn à l'anode en raison de son potentiel plus faible et réduit le Cu^{2+} à la cathode en raison de son potentiel relativement plus élevé par rapport à celui de la demi-cellule de Zn. Pour empêcher l'accumulation de charge aux deux électrodes et maintenir l'électroneutralité de la cellule, une barrière poreuse est placée entre les deux demi-cellules pour assurer la migration de Zn^{2+} vers le compartiment de Cu et SO_4^{-2} vers la demi-cellule de Zn. Les réactions se produisant dans la cellule de Daniell sont:

Oxydation: $Zn_{(s)} \rightarrow Zn^{2+}_{(aq)} + 2e^-$

Réduction: $Cu^{2+}_{(s)} + 2e^- \rightarrow Cu_{(s)}$

Réaction globale: $Zn_{(s)} + Cu^{2+}_{(s)} \rightarrow Zn^{2+}_{(aq)} + Cu_{(s)}$

Les électrons générés par l'oxydation de Zn passeront à travers le circuit externe (fil conducteur) et lorsqu'ils atteignent la demi-cellule de Cu, Cu^{2+} se réduit en Cu pour former un dépôt sur l'électrode. Ainsi, Zn se dissout lentement dans la solution de côté de l'anode et un dépôt de cuivre (brun spongieux) se forme sur la cathode. Comme le cuivre continue de se déposer sur l'électrode, la couleur bleue caractéristique des sulfates de cuivre disparaît progressivement puisque la concentration diminue dans la solution. En général, les cellules de Daniell contenant des électrolytes à des concentrations de 1 M induisent souvent des tensions de cellules (ou *fem*) d'environ 1,1 V couplé à des courants substantiels en raison des faibles résistances internes de ces cellules. La notation abrégée (ou diagramme) de la cellule de Daniell est: $Zn\,|\,Zn^{2+}\,(xM)\,||\,Cu^{2+}(yM)\,|\,Cu$, où x et y sont respectivement les concentrations de Zn^{2+} et Cu^{2+} dans les deux demi-cellules.

Un examen plus attentif révèle que certains composants de la cellule de Daniell pourraient être remplacés par d'autres. Par exemple, l'électrode de cuivre pourrait être remplacée par n'importe quel métal ayant un potentiel similaire ou supérieur. Des combinaisons entre d'autres métaux pour former des cellules similaires sont également possibles. Ceux-ci comprennent le remplacement de Zn par Ni pour former une cellule de type Ni/Cu ou Cu par du nickel pour former une cellule de type Zn/Ni. La caractéristique la plus importante de la cellule de Daniell est que les deux métaux ont un potentiel différent pour générer un flux d'électrons entre les deux électrodes. Dans le scénario proposé, Ni pourrait perdre 2 électrons pour former Ni^{2+} (Ni → Ni^{2+} + $2e^-$, E^o = +0,25 V) et Cu^{2+} collecte les deux électrons pour se déposer sur l'électrode (Cu^{2+} + $2e^-$ → Cu, E^o = 0,337 V). Cette cellule génère une force électromotrice de 0,59 V, ce qui est inférieur à celle de la cellule originale de Daniell (1,1 V). D'autre part, puisque la solution de sulfate de zinc joue seulement un rôle dans la conduction ionique, elle peut être remplacée par n'importe quelle solution ionique (NaCl, KCl). La barrière poreuse pourrait également être substituée par un pont salin, un tube de verre en forme de U rempli d'une solution d'électrolyte.

Pour des décennies, la cellule de Daniell a été utilisée comme un dispositif d'énergie stationnaire dans de nombreux domaines, y compris les en télégraphie et certains appareils comme les sonnettes.

2.2. Cellule à électrode d'hydrogène

Au lieu de deux demi-cellules faites d'électrodes métalliques comme le Zn et Cu, l'électrode à hydrogène pourrait remplacer l'un d'autre eux. La cellule galvanique basée sur l'électrode à hydrogène la plus simple est constituée d'un compartiment anodique comprenant une tige en Zn immergée dans une solution de $ZnSO_4$ connectée à un compartiment cathodique contenant une tige en Pt remplie d'une solution de H_2SO_4. À l'anode, Zn s'oxyde en Zn^{2+}, et les électrons générés passent à travers le circuit externe (fil conducteur) pour réduire les protons de l'acide sulfurique et produire de l'hydrogène gazeux à la cathode de Pt.

Oxydation: $Zn \rightarrow Zn^{2+} + 2e^-$

Réduction: $2H^+ + 2e^- \rightarrow H_2$

Réaction cellulaire globale: $Zn_{(s)} + 2H^+_{(aq)} \rightarrow Zn^{2+}_{(aq)} + H_{2(g)}$

Cette cellule délivre une force électromotrice de 0,76 V. Notez bien que le remplacement de Zn par un autre métal avec un potentiel supérieur (comme Cu) devrait conduire la réaction globale dans la direction opposée car Cu^{2+}/Cu a un potentiel supérieur à H^+/H_2.

Oxydation: $H_2 \rightarrow 2H^+ + 2e^-$

Réduction: $Cu^{+2} + 2e^- \rightarrow Cu$

Réaction globale: $H_2 + Cu^{+2} \rightarrow 2H^+ + Cu$

Cette cellule génère une tension de seulement 0,34 V. De plus, la somme des deux réactions globales ci-dessus aboutit à la cellule originale de Daniell. Cela est compréhensible puisque l'électrode à hydrogène est utilisée comme système de référence et pourrait donc être facilement annulée.

$Zn_{(s)} + 2H^+_{(aq)} \rightarrow Zn^{2+}_{(aq)} + H_{2(g)}$

$H_{2(g)} + Cu^{+2}_{(aq)} \rightarrow 2H^+_{(aq)} + Cu_{(s)}$

Cellule de Daniell: $Zn_{(s)} + Cu^{+2}_{(aq)} \rightarrow Zn^{2+}_{(aq)} + Cu_{(s)}$

2.3. Cellule de Weston

La cellule de Weston utilise également des électrodes métalliques immergées dans des solutions d'électrolytes pour générer spontanément de l'électricité en suivant ces réactions:

Oxydation: $Cd_{(s)} \rightarrow Cd^{2+}_{(aq)} + 2e^-$

Réduction: $Hg_2SO_{4(s)} + 2e^- \rightarrow 2Hg_{(l)} + SO_4^{2-}{}_{(aq)}$

Réaction globale: $Cd_{(s)} + Hg_2SO_{4(s)} \rightarrow 2Hg_{(l)} + Cd^{2+}{}_{(aq)} + SO_4^{2-}{}_{(aq)}$

La cellule de Weston délivre une force électromotrice d'environ 1 V, similaire à celle de la cellule de Daniell [8].

2.4. Cellules sèches

Les cellules liquides comme celle de Daniell, Weston et électrode à hydrogène sont utiles pour une utilisation stationnaire, mais pas pour les appareils mobiles. Les cellules sèches utilisant des composants à pâte solides ou humides sont plus pratiques pour des appareils mobiles. Une cellule sèche est composée d'électrodes métalliques immergées non pas dans des solutions liquides mais plutôt dans des mélanges de pâtes solides ou humides. À l'anode, des métaux comme Zn vont s'oxyder pour former de Zn^{+2} et générer des électrons. A la cathode, une tige de carbone est fixée dans une pâte contenant de ($MnO_2 + NH_4Cl + H_2O$), où MnO_2 réduit en Mn^{3+}.

Oxydation: $Zn \rightarrow Zn^{2+} + 2e^-$

Réduction: $2MnO_2 + 8NH_4^+ + 2e^- \rightarrow 2Mn^{3+} + 4H_2O + 8NH_3$

Réaction globale: $Zn_{(s)} + 2MnO_{2(s)} + 8NH_4^+ \rightarrow Zn^{2+} + 2Mn^{3+} + 4H_2O + 8NH_3$

Parce que les cellules solides ou humides sont bien scellées, elles deviennent plus utiles pour des utilisations en appareils et équipements mobiles ou portables. Une limitation de ces cellules concerne l'accumulation d'ammoniac autour de la tige de carbone, ce qui diminue éventuellement la conduction électrique puisque le gaz a des propriétés isolantes.

Dans la plupart des cellules liquides et sèches mentionnées ci-dessus, les agents réducteurs et oxydants sont épuisés au fur et à mesure qu'ils génèrent de l'électricité, donc produisant des batteries de courte durée. Pour prolonger leur durée de vie, des batteries rechargeables et piles à combustible sont assemblées de manière à recycler les produits en réactifs ou à alimenter en continu les compartiments des réactifs pour produire de l'électricité à long terme.

2.5. Batteries réversibles à base de plomb

Les accumulateurs au plomb sont considérés comme étant les plus anciennes cellules réversibles (ou rechargeables) utilisées dans les moteurs de démarrage automobile[9]. À l'état chargé, l'anode est faite de plaque de Pb et la cathode de PbO_2. Les deux électrodes sont immergées dans du H_2SO_4 concentré comme électrolyte. Les réactions d'oxydoréduction produisant aux deux électrodes sont résumées comme suit:

Oxydation: $Pb_{(s)} + SO_4^{2-} \rightarrow PbSO_4 + 2e^-$

Réduction: $PbO_{2(s)} + 4H^+ + SO_4^{2-} + 2e^- \rightarrow PbSO_{4(s)} + 2H_2O$

Réaction globale: $Pb_{(s)} + 2SO_4^{2-} + PbO_{2(s)} + 4H^+ \rightarrow PbSO_4 + PbSO_{4(s)} + 2H_2O$

À l'état chargé, cette cellule délivre une force électromotrice d'environ 2 volts. Notez bien que les batteries standards utilisées pour les moteurs de démarrage des véhicules contiennent 6 cages de cette cellule montées en série pour donner une force électromotrice totale de 12 V. D'autres cellules de 6V peuvent également être assemblées en reliant 3 cages de 2 V en série. En raison de leur faible coût, ces batteries sont encore utilisées dans l'industrie automobile malgré les nouvelles technologies concurrentes. Un de leurs avantages est que les produits induits par l'oxydation de $PbSO_4$ et réduction de $PbSO_4$ restent tous les deux attachés aux électrodes sous forme de solides sans contaminer l'électrolyte. Cela facilite leur reconversion pendant le processus de recharge en utilisant des tensions externes pour inverser les réactions. La notation abrégée (ou diagramme) de cette cellule est: $Pb \mid H_2SO_{4(aq)} \mid PbO_2$. Notez bien que la double ligne verticale est absente car aucun séparateur n'est utilisé dans cette cellule.

2.6. Piles à combustible

Les piles à combustible nécessitent une source continue de combustible (H_2, éthanol, méthanol, entre autres) et d'oxygène a converti électrochimiquement en produits chimiques et électricité[9-11]. En conséquence, les piles à combustible pourraient produire de l'électricité de manière continue tant que le combustible et l'oxygène sont fournis à la cellule. Les réactions redox se produisant dans une pile à combustible à H_2 sont:

Oxydation: $2H_2 \rightarrow 4H^+ + 4e^-$

Réduction: $O_2 + 4H^+ + 4e^- \rightarrow 2H_2O$

Réaction globale: $2H_2 + O_2 \rightarrow 2H_2O$

Notez bien que les piles à combustible délivrent de faibles tensions, donc plusieurs cellules doivent être assemblées en série pour multiplier la force électromotrice et produire des tensions importantes.

La classification des piles à combustible est effectuée en fonction de la nature de l'électrolyte utilisé et du temps de démarrage. Des exemples incluant, les piles à combustible à membrane échangeuse de protons (PEMFC), piles à combustible à acide phosphorique (PAFC), piles à combustible à acide solide (SAFC), piles à combustible alcalines (SOFC) et piles à combustible à carbonate fondu (MCFC). Parfois, des catalyseurs biologiques (enzymes ou microorganismes) sont immobilisés sur les électrodes pour accélérer la conversion du combustible en produits et générer de l'électricité. En conséquence, ces cellules électrochimiques sont appelées cellules à biocarburant. Notez bien que les piles à combustible ont des efficacités différentes en termes de performance, durée de vie et autodécharge.

3. Titrations redox

Les titrages d'oxydoréduction se réfèrent à la neutralisation de certaines quantités d'oxydants par des réducteurs. Dans les titrages redox, une solution contenant un oxydant ou un réducteur est souvent neutralisée par une autre solution de réducteur ou oxydant appelée titrant[12]. Au cours de ce processus, un certain nombre d'électrons (ou équivalent) est transféré. Notez bien qu'un équivalent se réfère à la quantité d'une substance produisant un changement du nombre d'oxydation équivaut à une mole. Au point de neutralisation, le nombre d'équivalents de l'oxydant devient égal à celui du réducteur. Aussi, la normalité de la solution résultante est définie comme étant le nombre d'équivalents par litre de solution.

L'équation de Nernst pourrait également être utilisée dans les titrages redox pour déterminer des paramètres, tels que les potentiels redox, concentrations et nombre d'électrons échangés au cours du processus de titrage. Divers titrants existent, y compris ceux à base de sels d'iode[12], brome Br_2 et cérium (IV), ainsi que de sels de potassium de permanganates ou dichromates. L'addition de ces titrants à des solutions contenant des oxydants ou réducteurs conduit à des réactions redox spontanées (ΔG <0) qui ne nécessitent pas d'énergie externe. Du point de vue pratique, les titrages redox sont utiles en indicateurs redox et potentiométrie, tels que les pH-mètres.

4. Solubilité, précipitation et réactions de complexation

Parfois, les réactions d'oxydoréduction impliquent des espèces solubles ou légèrement solubles, ce qui rend l'estimation des concentrations d'espèces dissoutes plus complexe[13]. L'équation de Nernst est très utile et pourrait être utilisée pour estimer des quantités telles que les concentrations, ΔG, K_{eq}, E et le nombre d'électrons transférés. Par exemple, des sels hautement solubles (comme $FeCl_2$) se dissocier entièrement pour former des ions (Fe^{2+} et Cl^-). Fe^{+2} pourrait ensuite être réduit ou oxydé en d'autres espèces (Fe ou Fe^{3+}, respectivement). Au contraire, les concentrations d'ions (comme Ag^+) de sels légèrement solubles (comme AgCl) ne peuvent pas être précisément mesurés. Ainsi, l'équation de Nernst dans des conditions connues pourrait être utilisée pour estimer les concentrations d'espèces légèrement solubles.

Par exemple, AgCl est légèrement soluble dans les milieux aqueux et donne de faibles concentrations d'Ag^+, qui pourraient être réduites selon la réaction: $Ag^+ + 1e^- \rightarrow Ag$. L'équation de Nernst pour cette réaction pourrait être écrite comme suit: $E = E^o - \frac{RT}{nF} Ln \frac{(Ag)}{(Ag^+)} = E^o - \frac{RT}{nF} Ln \frac{1}{(Ag^+)}$ (puisque Ag est un solide, donc (Ag) = 1). La mesure du potentiel de la réaction permettra de déterminer la concentration de Ag^+ en solution.

5. Corrosion

L'équation de Nernst peut également être appliquée aux processus de corrosion pour estimer les concentrations ou potentiels. La corrosion des métaux implique essentiellement des réactions redox, où les métaux s'oxydent en présence d'oxygène comme réducteur puissant[14]. Par exemple, l'exposition du fer (Fe) à l'humidité et l'oxygène oxyde le Fe en Fe^{2+} et génère des électrons qui sont utilisés pour réduire l'oxygène. Le processus pourrait être résumé comme suit:

Oxydation: $Fe \rightarrow Fe^{2+} + 2e^-$

Réduction: $\frac{1}{2}O_{2(g)} + H_2O + 2e^- \rightarrow 2OH^-$

Réaction globale: $Fe + \frac{1}{2}O_{2(g)} + H_2O \rightarrow Fe^{2+} + 2OH^-$

Le Fe^{2+} et OH^- résultants de la réaction se combineront pour former des précipités ou des complexes d'oxyde/hydroxyde de fer en fonction des conditions. L'équation de Nernst pourrait être utilisée pour estimer des paramètres tels que les constantes d'équilibre, concentrations d'espèces impliquées et potentiels.

6. Combustion

L'équation de Nernst est également applicable aux réactions de combustion basées sur l'oxydation des carburants par l'oxygène pour produire du dioxyde de carbone, de l'eau et de la chaleur. La combustion biochimique utilise des enzymes comme catalyseurs pour accélérer la progression de la réaction de combustion. Par exemple, la combustion d'hydrates de carbone et graisses par l'oxygène dans le corps humain induit du dioxyde de carbone et l'énergie pour maintenir le bon fonctionnement des fonctions vitales, comme la régulation de la température corporelle et contraction/réparation musculaire. Au cours de ce processus, les hydrates de carbone comme le glucose ($C_6H_{12}O_6$) et graisses comme la tristéarine ($2C_{57}H_{110}O_6$) se transforment selon les réactions suivantes:

$C_6H_{12}O_{6\,(s)} + 6O_{2\,(g)} \rightarrow 6CO_{2\,(g)} + 6H_2O_{(l)}$

$2C_{57}H_{110}O_{6\,(s)} + 163O_{2\,(g)} \rightarrow 114CO_{2\,(g)} + 110H_2O_{(l)}$

Sans catalyseurs, ces réactions d'oxydoréduction sont très lentes et inhibées cinétiquement, ainsi rarement atteignant l'équilibre. Les catalyseurs enzymatiques comme la glucose oxydase et lipase accélèrent la cinétique des réactions respective mentionnées ci-dessus.

Résumé

L'équation de Nernst est utile pour estimer des quantités, telles que le potentiel, concentration d'espèces redox en solution et nombre d'électrons échangés durant divers équilibres redox. Ceux-ci comprennent des cellules électrolytiques, voltaïques, titrages redox ainsi que diverses réactions basées sur de la solubilité, précipitation, complexation, corrosion et combustion. Les cellules électrolytiques (électrolyse et galvanoplastie) nécessitent une énergie externe (électricité) pour produire des réactions d'oxydoréduction. Par conséquent, les réactions ne sont pas spontanées ($\Delta G>0$ ou $\Delta E<0$). En revanche, dans les cellules voltaïques, des réactions électrochimiques se produisent spontanément pour convertir les produits chimiques en électricité ($\Delta G<0$ ou $\Delta E>0$). Il existe plusieurs types de piles voltaïques, principalement classées en: i) piles primaires (ou non rechargeables) pouvant fournir de l'électricité jusqu'à épuisement de tous les produits chimiques, ii) piles secondaires (ou rechargeables) pouvant être rechargées et déchargées pour un certain nombre de cycles, et iii) batteries tertiaires (ou piles à combustible) nécessitant un flux continu d'oxydants et de réducteurs à convertir en électricité. Ces batteries délivrent des tensions/courants variables avec des performances différentes. Certains d'entre elles utilisent des électrolytes liquides et d'autres des électrolytes solides (cellules sèches) plus appropriés pour les appareils portables, tels que les ordinateurs portables et véhicules électriques. Les titrages redox permettent de neutraliser les espèces redox ayant des concentrations connues avec d'autres espèces de concentrations inconnues dans le but d'identifier les espèces et déterminer leurs concentrations. Les titrages redox ont des affinités électroniques appropriées qui se produisent spontanément sans nécessiter un apport énergétique externe. Certaines réactions basées sur la solubilité, précipitation et complexation impliquent des espèces redox avec de très faibles concentrations difficiles à déterminer analytiquement. L'équation de Nernst pourrait être utilisée dans ces circonstances pour estimer les concentrations de ces espèces. La même chose s'applique aux processus de corrosion impliquant la dissolution de métaux soumis à l'humidité et oxygène en tant que réducteur fort. Enfin, grâce aux catalyseurs, les réactions de combustion pourraient atteindre l'équilibre à des vitesses plus rapides. L'équation de Nernst pourrait également être utilisée pour ces réactions afin de déterminer des quantités, telles que la concentration et potentiel, entre autres.

Références

1. Wendt, H.; Kreyse, G. (1999), Electrochemical Engineering: Science and Technology in Chemical and Other Industries, Springer.
2. Atkins, P. (1997). Physical Chemistry, 6th edition, W. H. Freeman and Company, New York.
3. Vanýsek, P. (2007), Electrochemical Series, in Handbook of Chemistry and Physics, 88th edition, Chemical Rubber Company.
4. Todd, R. H.; Dell, K. A.; Leo A. (1994), Surface Coating, Manufacturing Processes Reference Guide, Industrial Press Inc.
5. Atkins, P.; de Paula, J. (2006). Physical Chemistry, (8th edition). Oxford University Press.
6. Crompton, T. R. (2000), Battery Reference Book, 3rd edition.
7. Keithley, J. F. (1999), Daniell Cell, John Wiley and Sons, pp. 49-51.
8. Robert B (2005), Northrop Introduction to Instrumentation and Measurements, 2nd ed., CRC Press.
9. Linden, D.; Reddy, T. B. (2002), Handbook Of Batteries, 3rd edition, McGraw-Hill, New York.
10. Vielstich, W., et al., (2009), Handbook of Fuel Cells: Advances in Electrocatalysis, Materials, Diagnostics and Durability, Hoboken: John Wiley and Sons.
11. Behling, N. H. (2012). Fuel Cells: Current Technology Challenges and Future Research Needs (1st edition). Elsevier Academic Press.
12. Yong Zhou, Y. (2013), Redox Indicators: Characteristics and Applications, Elsevier.
13. Soustelle, M. (2016), Ionic and Electrochemical Equilibria, Wley.
14. Bardal, E. (2004), Corrosion and Protection, springer.
15. McAllister, S.; Jyh-Yuan, C.; Fernandez-Pello, A. C. (2011), Fundamentals of Combustion Processes, Springer Science & Business Media.

Section 6

Questions Pratiques et Problèmes avec Solutions

Un ensemble de questions pratiques et problèmes avec solutions détaillées sont fournies pour mieux expliquer les concepts discutés.

Q1. i) Décrire les composants principaux de la cellule de Daniell. ii) À quels pôles l'oxydation et la réduction auront-elles lieu? iii) Estimer la force électromotrice de la cellule de Daniell. Les potentiels standards sont: E^o (Zn^{2+}/Zn) = -0,76 V vs. ENH et E^o (Cu^{+2}/Cu) = 0,34 V vs. ENH.

Sol1. i) La cellule de Daniell est composée de deux pots: l'un contenant une tige de Zn immergée dans une solution de $ZnSO_4$ et l'autre une tige de Cu immergée dans une solution de $CuSO_4$. Les deux demi-cellules sont connectées par un fil conducteur et un pont salin pour conduction électronique et ionique, respectivement. ii) Les électrons s'écoulent de l'électrode de Zn où ils sont générés en raison du faible potentiel de Zn par rapport à celui de Cu. À l'électrode de Cu, les électrons sont consommés en réduisant le Cu^{2+} en Cu. Les demi-réactions d'oxydation et de réduction sont les suivantes:

Oxydation: $Zn_{(s)}$ → Zn^{2+} + 2e^-, E^o = +0,76 V

Réduction: Cu^{2+} + 2e^- → $Cu_{(s)}$, E^o = +0,34 V

Réaction globale: $Zn_{(s)}$ + Cu^{2+} → Zn^{2+} + $Cu_{(s)}$

Notez bien que le potentiel de Zn est inversé puisque la réaction est écrite sous la forme oxydée. Le potentiel de la réaction globale (ou *fem*) est simplement la somme des potentiels des deux demi-réactions écrites dans leurs états actuels: E^o_{total} = 0,76 + 0,34 = +1,10 V

Q2. i) Selon vous, la chimie redox pourrait-elle être utilisée pour déterminer le produit de solubilité des sels légèrement solubles? Si oui, comment? ii) AgCl est un sel légèrement soluble, comment la chimie redox peut-elle être utilisée pour déterminer la concentration de Ag^+ dissous en solution? Calculer le potentiel d'une électrode d'argent immergée dans de (Ag^+) = 0,01M. iii) $Ag(CN)_2^-$ est un sel légèrement soluble, quelle est la relation entre le potentiel d'électrode et la constante d'équilibre de formation de $Ag(CN)_2^-$?

Le potentiel standard de E^0 (Ag^+/Ag) = 0,80 V vs. ENH.

Sol2. i) Oui, la chimie redox pourrait être utilisée pour déterminer la solubilité des sels légèrement solubles en utilisant l'équation de Nernst: $E = E^o - \frac{RT}{nF} Ln\, Q = E^o - \frac{0,0592}{n} Log\, Q$, où Q est le quotient de réaction lié aux activités (ou concentrations) des espèces redox.

ii) La demi-réaction de réduction impliquant Ag est: Ag^+ + e^- → Ag

Donc, $E = 0,8 - \frac{0,0592}{1} Log\, \frac{1}{(Ag^+)} = 0,8 - \frac{0,0592}{1} Log\, \frac{1}{(0,01)} = 0,68$ V (1)

iii) La réaction de formation du complexe $Ag(CN)_2^-$ peut être écrite comme suit:

Ag^+ + 2CN^- → $Ag(CN)_2^-$

À l'équilibre: $(Ag^+) = \frac{(Ag(CN)_2^-)}{K_{eq}(CN^-)^2}$ (2)

La combinaison des Eqs. (1) et (2) donne: $E = 0,8 + 0,0592\, Log\, (Ag^+) = 0,80 + 0,0592\, Log\, \frac{[Ag(CN)_2^-]}{K_{eq}[CN^-]^2}$

Q3. Calculer le potentiel de la cellule de Daniell si les concentrations de (Cu^{2+}) et (Zn^{2+}) sont respectivement de 0,01 M et 1,00 M. Le potentiel standard de la cellule de Daniell est de 1,1 V et la réaction globale est: $Zn + Cu^{2+} \to Zn^{2+} + Cu$

Sol3. L'équation de Nernst pourrait être utilisée pour calculer le potentiel d'une cellule à des conditions différentes des standards. L'équation de Nernst correspondant à la réaction globale est:

$$E = E^o - \frac{RT}{nF} Ln\, Q = E^o - \frac{RT}{nF} Ln\, \frac{(Cu)(Zn^{2+})}{(Zn)(Cu^{2+})}$$

Le nombre d'électrons transférés est n = 2, ce qui pourrait être déterminé en calculant la variation des nombres d'oxydation. Les activités (ou concentrations) des métaux solides, tels que le Cu et Zn, sont toujours égales à 1.

Par conséquent, $E = 1,1 - 0,0128 Ln\, \frac{1,00}{0,01} = 1,041$ V

Notez bien que le potentiel de la cellule à ces concentrations est proche de la valeur standard.

Q4. i) Quel est le potentiel d'une cellule spontanée composée d'une tige de Cu immergée dans du $CuSO_4$ 1M, reliée à une électrode d'hydrogène immergée dans du HCl 1M à 298 K? ii) Si l'électrode d'hydrogène est remplacée par une électrode d'argent, quel serait le potentiel de la cellule résultante? Les potentiels standards sont: E^o (H^+/H_2) = 0 V vs. ENH, E^o (Cu^{+2}/Cu) = 0,34 V vs. ENH et E^o (Ag^+/Ag) = 0,80 V vs. ENH.

Sol4. i) Puisque le Cu a le potentiel le plus élevé, il assurera la demi-réaction de réduction et l'hydrogène avec un potentiel inférieur assurera la demi-réaction d'oxydation.

Oxydation: $H_2 \to 2H^+ + 2e^-$, $E^o = 0$ V

Réduction: $Cu^{+2} + 2e^- \to Cu$, $E^o = 0,34$ V

Réaction globale: $H_2 + Cu^{+2} \to 2H^+ + Cu$

Notez bien que le potentiel à base d'hydrogène est inversé puisque la réaction est écrite sous forme oxydée. La tension de la cellule (ou *fem*) est la somme des potentiels des deux demi-réactions écrites comme ci-dessus: $E^o_{total} = fem = 0 + 0,34 = 0,34$ V

ii) Puisque le potentiel de Ag est plus élevé, il assurera la réduction et Cu assurera l'oxydation en raison de son potentiel inférieur. Les deux demi-réactions impliquées dans le processus deviennent:

Oxydation: $Cu \rightarrow Cu^{2+} + 2e^-$, E^o = -0,34 V

Réduction: $(Ag^+ + e^- \rightarrow Ag) \times 2$, E^o = +0,80 V

Réaction globale: $2Ag^+ + Cu \rightarrow 2Ag + Cu^{2+}$

Pour éliminer le nombre d'électrons dans la réaction globale, la réaction de réduction est multipliée par un facteur de 2. La tension de la cellule (ou *fem*) est la somme des potentiels des deux demi-réactions écrites comme ci-dessus: E^o_{total} = *fem* = +0,80 + (-0,34) = +0,46 V

Q5. Considérons une pile voltaïque composée de demi-cellules, une contenant une tige de Mg immergée dans une solution de Mg^{2+} et l'autre une tige de Ag immergée dans une solution de Ag^+. i) Écrire les deux demi-réactions et la réaction globale si le flux d'électrons est spontané. ii) Fournir un diagramme ou une notation abrégée pour cette cellule. iii) Calculer la force électromotrice de la cellule dans les conditions standards. iv) Cette cellule est-elle intéressante du point de vue pratique? Les potentiels standards sont: E^o (Ag^+/Ag) = 0,80 V vs. ENH et E^o (Mg^{2+}/Mg) = -2,37 V vs. ENH.

Sol5. i) Puisque le potentiel de Mg est très faible par rapport à celui de Ag, Mg va s'oxyder pour générer des électrons et Ag^+ va collecter les électrons pour se réduire en Ag.

Oxydation: $Mg_{(s)} \rightarrow Mg^{2+}_{(aq)} + 2e^-$, E^o = +2,37 V

Réduction: $2Ag^+_{(aq)} + 2e^- \rightarrow 2Ag_{(s)}$, E^o = 0,80 V

Réaction globale: $Mg_{(s)} + 2Ag^+_{(aq)} \rightarrow Mg^{2+}_{(aq)} + 2Ag_{(s)}$

Notez bien que le potentiel de Mg est inversé car il est écrit sous la forme oxydée.

ii) La notation (ou diagramme) de la cellule peut être écrite comme suit:

$$Mg_{(s)} \mid Mg^{2+}_{(aq)} \parallel 2Ag^+_{(aq)} \mid 2Ag_{(s)}$$

iii) La *fem* de cellule est la somme des potentiels des deux demi-réactions écrites ci-dessus: E^o_{total} = *fem* = 2,37 + 0,8 = 3,17 V

iv) La cellule offre un potentiel substantiel qui peut être intéressant pour de nombreuses applications, y compris les moteurs de démarrage automobile.

Q6. Fournir une notation (ou diagramme) pour une cellule composée d'une tige de cuivre immergée dans une solution de Cu^{2+} attaché à une tige de zinc immergée dans une solution de Zn^{2+}. Les deux demi-cellules sont séparées par un pont salin et la réaction globale se déroule spontanément. Les potentiels standards sont: E^o (Zn^{2+}/Zn) = -0,76 V vs. ENH et E^o (Cu^{+2}/Cu) = 0,34 V vs. ENH.

Sol6. Pour une réaction spontanée, puisque le Cu a un potentiel supérieur à celui de Zn, donc Zn s'oxyde et Cu^{2+} se réduit.

Oxydation: $Zn_{(s)} \rightarrow Zn^{2+}_{(aq)} + 2e^-$

Réduction: $Cu^{2+}_{(aq)} + 2e^- \rightarrow Cu_{(s)}$

Réaction globale: $Zn_{(s)} + Cu^{2+}_{(aq)} \rightarrow Zn^{2+}_{(aq)} + Cu_{(s)}$

La notation de la cellule (ou diagramme) est: $Zn_{(s)} \mid Zn^{2+}_{(aq)} \mid\mid Cu^{2+}_{(aq)} \mid Cu_{(s)}$

Q7. Quelle est la notation (ou diagramme) d'une cellule composée d'une tige d'aluminium immergée dans une solution de Al^{3+} attaché à une tige de zinc immergée dans une solution de Zn^{2+}. Les deux demi-cellules sont séparées par un pont salin et la réaction globale se déroule spontanément. Les potentiels standards sont: E^o (Zn^{2+}/Zn) = -0,76 V vs. ENH et E^o (Al^{+3}/Al) = -1,66 V vs. ENH.

Sol7. Pour une réaction spontanée, puisque Zn a un potentiel supérieur à celui de l'Al, donc l'Al va s'oxyder et Zn^{2+} se réduit.

Oxydation: ($Al_{(s)} \rightarrow Al^{3+}_{(aq)} + 3e^-$) × 2

Réduction: ($Zn^{2+}_{(aq)} + 2e^- \rightarrow Zn_{(s)}$) × 3

Réaction globale: $2Al_{(s)} + 3Zn^{2+}_{(aq)} \rightarrow 2Al^{3+}_{(aq)} + 3Zn_{(s)}$

Le diagramme de la cellule est: $2Al_{(s)} \mid 2Al^{3+}_{(aq)} \mid\mid 3Zn^{2+}_{(aq)} \mid 3Zn_{(s)}$

Pour éliminer le nombre d'électrons dans la réaction globale, les réactions d'oxydation et de réduction sont multipliées par des facteurs qui donneront le même nombre d'électrons dans chaque réaction.

Q8. Fournir une notation abrégée (ou diagramme) pour une cellule composée d'une tige de cuivre immergée dans une solution de Cu^{2+} connectée à une tige de Ag immergée dans une solution de Ag^+. Les deux demi-cellules sont séparées par un pont salin et la réaction globale est spontanée. Les potentiels standards sont: E^o (Ag^+/Ag) = 0,80 V vs. ENH et E^o (Cu^{+2}/Cu) = 0,34 V vs. ENH.

Sol8. Pour une réaction spontanée, puisque le Ag a un potentiel plus élevé que celui de Cu, le Cu s'oxyde et Ag^+ se réduit.

Oxydation: $Cu_{(s)} \rightarrow Cu^{2+}_{(aq)} + 2e^-$, E^o = -0,34 V

Réduction: ($Ag^+_{(aq)} + e^- \rightarrow Ag_{(s)}$) × 2 , E^o = 0,80 V

Réaction globale: $Cu_{(s)} + 2Ag^+_{(aq)} \rightarrow Cu^{2+}_{(aq)} + 2Ag_{(s)}$

Le diagramme de la cellule est: $Cu_{(s)} \mid Cu^{2+}_{(aq)} \mid\mid 2Ag^+_{(aq)} \mid 2Ag_{(s)}$

Notez bien que pour éliminer le nombre d'électrons dans la réaction globale, la réaction de réduction est multipliée par un facteur de 2 pour donner exactement le même nombre d'électrons dans chaque demi-réaction.

Q9. Calculer la *fem* de la cellule voltaïque au conditions standards: $Mg_{(s)} \mid Mg^{2+}_{(aq)} \mid\mid Cu^{2+}_{(aq)} \mid Cu_{(s)}$. Les potentiels standards sont: $E^o(Cu^{+2}/Cu) = 0,34$ V vs. ENH et $E^o(Mg^{2+}/Mg) = -2,37$ V vs. ENH.

Sol9. Pour calculer correctement la force électromotrice, il est conseillé d'écrire d'abord les deux demi-réactions avec leurs potentiels respectifs ainsi que la réaction globale. Ensuite, il faut additionner les potentiels des deux demi-réactions pour obtenir le potentiel global de la cellule.

La notation de la cellule indique que Mg est le terminal d'oxydation qui peut être confirmé par son potentiel inférieur et Cu est le terminal de réduction justifiée par son potentiel plus élevé.

Oxydation: $Mg_{(s)} \rightarrow Mg^{2+}_{(aq)} + 2e^-$, $E^o = +2,37$ V

Réduction: $Cu^{2+}_{(aq)} + 2e^- \rightarrow Cu_{(s)}$, $E^0 = +0,34$ V

Réaction globale: $Mg_{(s)} + Cu^{2+}_{(aq)} \rightarrow Mg^{2+}_{(aq)} + Cu_{(s)}$

Notez bien que le potentiel de Mg est inversé car la réaction est écrite sous la forme inversée (oxydation).

Le potentiel de la cellule (ou *fem*) est la somme des potentiels des deux demi-réactions écrites comme ci-dessus. *fem* = 2,37 + 0,34 = 2,71 V

Cette cellule offre un potentiel important, ce qui la rend intéressante pour des dispositifs énergétiques.

Q10. Considérons une cellule composée de deux demi-cellules: l'une est constituée d'un fil de Zn trempé dans une solution de $Zn(NO_3)_2$ et l'autre d'une électrode inerte immergée dans une solution de Fe^{3+}/Fe^{2+}. Écrire les deux demi-réactions ainsi que la réaction globale. Calculer la *fem* de la cellule à 25 °C, $(Zn^{2+}) = 0,22$ M, $(Fe^{2+}) = 0,42$ M et $(Fe^{3+}) = 0,69$ M. Les potentiels standards sont: $E^o(Zn^{2+}/Zn) = -0,76$ V vs. ENH et $E^o(Fe^{3+}/Fe^{2+}) = +0,77$ V vs. ENH.

Sol10. Puisque le potentiel du couple redox Zn est plus faible, il assurera la demi-réaction d'oxydation et le couple redox de Fe assurera la demi-réaction de réduction.

Oxydation: $Zn \rightarrow Zn^{2+} + 2e^-$, $E^o = +0,763$ V

Réduction: $(Fe^{3+} + 1e^- = Fe^{2+}) \times 2$, $E^o = +0,771$ V

Réaction globale: $2Fe^{3+} + Zn \rightarrow 2Fe^{2+} + Zn^{2+}$

La réaction de réduction est multipliée par un facteur de 2 pour annuler les électrons dans la réaction globale. Le potentiel standard ou *fem*° de la cellule est simplement la somme des potentiels des deux demi-réactions écrites comme ci-dessus: *fem*° = 0,771 + 0,763 = 1,534 V

A des conditions différents des standards, l'équation de Nernst est applicable:

$$fem = fem^o - \frac{RT}{nF} Ln\, Q = emf^o - \frac{0,059}{n} Log\, \frac{(Zn^{2+})(Fe^{2+})^2}{(Fe^{3+})^2} = 1,569\text{ V}$$

(Zn) = 1 parce que c'est solide.

Q11. Calculer les valeurs des forces électromotrices des cellules construites par les demi-réactions ci-dessous. Quelles cellules s'effectuent spontanément?

$Fe^{2+}_{(aq)} + 2e^- \rightarrow Fe_{(s)}$, $E = -0,44$ V

$Al^{3+}_{(aq)} + 3e^- \rightarrow Al_{(s)}$, $E = -1,66$ V

Sol11. Puisque la direction du flux d'électrons n'est pas spécifiée, il est possible de construire deux cellules avec ces demi-réactions. Dans la première cellule, l'oxydation se produit au terminal d'Al et la réduction au terminal de Fe. Dans la seconde cellule, les réactions sont inversées aux deux terminaux.

Première cellule:

Oxydation: $2Al_{(s)} \rightarrow 2Al^{3+}_{(aq)} + 6e^-$, $E = +1,66$ V

Réduction: $3Fe^{2+}_{(aq)} + 6e^- \rightarrow 3Fe_{(s)}$, $E = -0,44$ V

Réaction globale: $2Al_{(s)} + 3Fe^{2+}_{(aq)} \rightarrow 2Al^{3+}_{(aq)} + 3Fe_{(s)}$

Le potentiel de la cellule est la somme des potentiels des deux demi-réactions écrites comme ci-dessus: *fem* = 1,66 + (-0,44) = 1,22 V

Deuxième cellule:

Oxydation: $3Fe_{(s)} \rightarrow 3Fe^{2+}_{(aq)} + 6e^-$, $E = +0,44$ V

Réduction: $2Al^{3+}_{(aq)} + 6e^- \rightarrow 2Al_{(s)}$,   E = $-1,66$ V

Réaction globale: $2Al^{3+}_{(aq)} + 3Fe_{(s)} \rightarrow 2Al_{(s)} + 3Fe^{2+}_{(aq)}$

Le potentiel de la cellule est la somme des potentiels des deux demi-réactions écrites comme ci-dessus: *fem* = -1,66 + (0,44) = -1,22 V

Dans la première cellule, le potentiel est positif, ce qui signifie que l'énergie libre de Gibbs (ΔG = - nF*fem*) <0. Par conséquent, la réaction globale se produit spontanément. Dans la seconde cellule, le potentiel et l'énergie libre ont des signes inversés, ce qui signifie que la réaction globale n'est pas spontanée.

Q12. Considérant les deux demi-réactions avec leurs potentiels standards, calculer la *fem*° de chaque cellule spontanée.

$$A^{2+}_{(aq)} + 2e^- \rightarrow A_{(s)} \quad , \quad E^o = -2,90 \text{ V}$$
$$B^{2+}_{(aq)} + 2e^- \rightarrow B_{(s)} \quad , \quad E^o = +0,35 \text{ V}$$

Fournir un diagramme pour cette cellule.

Sol12. Si la réaction se produit spontanément, le couple redox ayant le potentiel le plus élevé (B) aura plus d'affinité à collecter les électrons, assurant ainsi la demi-réaction de réduction. En revanche, le couple redox ayant le potentiel le plus bas (A) aura plus d'affinité à perdre des électrons, assurant ainsi la demi-réaction d'oxydation.

Oxydation: $A_{(s)} \rightarrow A^{2+}_{(aq)} + 2e^-$, $E^o = +2,90$ V

Réduction: $B^{2+}_{(aq)} + 2e^- \rightarrow B_{(s)}$, $E^o = +0,35$ V

Réaction globale: $A_{(s)} + B^{2+}_{(aq)} \rightarrow A^{2+}_{(aq)} + B_{(s)}$

Notez bien que le potentiel de la réaction A est inversé puisqu'elle est écrite sous forme oxydée.

Le potentiel de la cellule est simplement la somme des potentiels des deux demi-réactions écrites comme ci-dessus. *fem* = 2,9 + 0,35 = 3,25 V

Le potentiel de cette cellule est assez important, donc intéressant pour des dispositifs énergétiques.

Le diagramme de cellule spontanée est: $A_{(s)} \mid A^{2+}_{(aq)} \mid\mid B^{2+}_{(aq)} \mid B_{(s)}$

Q13. Écrire les deux demi-réactions et la réaction globale d'une cellule s'effectuant spontanément en utilisant les réactions redox ci-dessous. Estimer la *fem* de la cellule et fournir son diagramme.

$$Zn^{2+}_{(aq)} + 2e^- \rightarrow Zn_{(s)} \quad , \quad E = -0,76 \text{ V}$$
$$Cl_{2(g)} + 2e^- \rightarrow 2Cl^-_{(aq)} \quad , \quad E = +1,36 \text{ V}$$

Sol13. Si la réaction se produit spontanément, le couple redox ayant le potentiel le plus élevé (Cl) aura plus d'affinité à collecter les électrons, assurant ainsi la demi-réaction de réduction. En revanche, le couple redox ayant le plus faible potentiel (Zn) aura plus d'affinité à perdre des électrons, assurant ainsi la demi-réaction d'oxydation.

Oxydation: $Zn_{(s)} \rightarrow Zn^{2+}_{(aq)} + 2e^-$ $\quad E = +0,76$ V

Réduction: $Cl_{2(g)} + 2e^- \rightarrow 2Cl^-_{(aq)}$ $\quad E = +1,36$ V

Réaction globale: $Zn_{(s)} + Cl_{2(g)} \rightarrow Zn^{2+}_{(aq)} + 2Cl^{-}_{(aq)}$

Notez bien que le potentiel de la réaction à base de Zn est inversé puisqu'elle est écrite sous la forme oxydée.

La *fem* de la cellule est simplement la somme des potentiels des deux demi-réactions écrites comme ci-dessus: *fem* = 0,76 + 1,36 = 2,12 V

Le diagramme de la cellule est: $Zn_{(s)} | Zn^{2+}_{(aq)} || 2Cl^{-}_{(aq)} | Cl_{2(g)}$

Q14. i) En quelques mots, définir une cellule sèche. ii) Pour quelles applications les cellules sèches sont-elles appropriées? iii) Fournir un exemple de configuration de cellules sèches en spécifiant les demi-réactions ainsi que la réaction globale.

Sol14. i) Les cellules sèches sont des cellules électrochimiques qui transforment des produits chimiques en énergie à travers des réactions d'oxydoréduction. La particularité des cellules sèches est que les composants chimiques sont solides ou sous forme de pâtes. ii) Les piles sèches sont très utiles dans les appareils portables, tels que les lampes de poche, radios, jouets et autres appareils portatifs.

iii) Un exemple typique de cellules sèches est composé par une anode de Zn connectée à une cathode de carbone entourée de MnO_2. L'électrolyte est constitué de pâte humide de NH_4Cl et $ZnCl_2$.

Les deux demi-réactions et la réaction globale peuvent être résumées comme suit:

Oxydation: $Zn \rightarrow Zn^{2+} + 2e^{-}$

Réduction: $2MnO_2 + 8NH_4^{+} + 2e^{-} \rightarrow 2Mn^{3+} + 4H_2O + 8NH_3$

Réaction globale: $Zn + 2MnO_2 + 8NH_4^{+} \rightarrow Zn^{2+} + 2Mn^{3+} + 4H_2O + 8NH_3$

Q15. i) Définir brièvement la corrosion des métaux. ii) Fournir un exemple typique de corrosion. iii) Quels facteurs pourraient influencer la corrosion et que pourrait-on faire pour l'empêcher?

Sol15. i) La corrosion repose sur l'oxydation des métaux en présence d'oxygène (O_2) et d'humidité (H_2O). Cela conduit à la détérioration des métaux au fil du temps. ii) La rouille est un exemple typique de corrosion, où le fer (Fe) se dissout au court de temps pour former des hydroxydes/oxydes spongieux.

iii) Les facteurs influençant la corrosion des métaux sont: l'humidité (H_2O), l'oxygène (O_2), l'électrolyte (sels) et la présence d'impuretés dans le métal. L'abondance d'oxygène, d'humidité, d'électrolytes (comme de sel de mer) et d'impuretés dans le métal devrait accélérer le processus de corrosion.

Par conséquent, la corrosion pourrait être évitée en revêtant les surfaces des métaux avec de couches protectrices qui limitent l'infiltration de O_2 et d'humidité. Des exemples comprennent l'application des substances hydrophobes comme la graisse, la peinture et/ou la modification de surface avec des dépôts de métaux résistants à la corrosion.

Q16. En utilisant des réactions redox, brièvement expliquer c'est quoi la rouille.

Sol16. La rouille se forme par corrosion de fer (Fe) en présence d'humidité et d'oxygène moléculaire (O_2). Cela conduit à l'oxydation de Fe en présence de O_2, un oxydant puissant capable d'arracher des électrons de la sous-couche externe de Fe. Les réactions pourraient être résumées comme suit:

Oxydation: $Fe \rightarrow Fe^{2+} + 2e^-$

Réduction: $\frac{1}{2}O_2 + H_2O + 2e^- \rightarrow 2OH^-$

Tout dépend des conditions, la réaction forme souvent des flocons d'hydroxydes et/ou d'oxydes déposés sur la surface du Fe.

Q17. i) Justifier que la corrosion des métaux est un processus redox. ii) Quelles sont les conditions requises pour initier la corrosion? iii) Quels sont les facteurs qui pourraient accélérer la vitesse de corrosion?

Sol17. i) La corrosion des métaux est un processus redox car il implique le transfert d'électrons. Le O_2 est un oxydant puissant capable d'extraire des électrons de la couche externe du métal. Ainsi, le métal est oxydé et O_2 est réduit au cours du processus.

ii) La présence d'air (O_2) et d'humidité (eau) sont des conditions nécessaires à la corrosion. Un environnement sec en présence de O_2 ou bien humide sans O_2 n'induira pas de corrosion.

iii) La présence d'électrolytes conducteurs puissants comme le sel de mer et des températures plus élevées pourraient accélérer la vitesse de corrosion.

Q18. i) L'aluminium (Al) pourrait-il être corrodé? ii) Comment empêcher le fer de se corroder? iii) Al et Zn pourraient être utilisés pour protéger le Fe contre la corrosion? Pourquoi le Zn est-il préféré à l'Al? iv) Comment ces métaux pourraient-ils être déposés sur le Fe?

Sol18. i) l'Al est souvent protégé par une fine couche d'oxyde d'aluminium formée sur sa surface au cours des premières étapes de corrosion. Cette couche mince empêche l'infiltration de O_2 et d'humidité dans le matériau et limite plus de corrosion. ii) La modification de la surface du fer pourrait empêcher sa corrosion et prologue sa durée de vie. Cela pourrait être effectué par :i) peignant la surface avec une peinture résistante, ii) mettant de la graisse abondante sur la surface ou iii) déposant électrochimiquement une fine couche de métaux non corrosifs sur la surface de Fe. Ces modifications empêcheront l'infiltration de O_2 et d'humidité dans les couches internes de Fe et préviendront (ou ralentiront) sa corrosion.

iii) Zn est préféré à Al à cause de son prix modéré. iv) Ces métaux sont déposés sur le Fe par électrodéposition. Le Fe est immergé dans une solution de sel métallique (comme $ZnCl_2$ ou $AlCl_3$) puis soumis à une tension électrique. Ceci réduit le Zn^{+2} ou Al^{3+} pour déposer sous forme de Zn ou Al sur la surface de Fe, ainsi forment des revêtements protecteurs contre la corrosion.

Q19. Considérons une cellule composée de deux demi-cellules: l'une contient une tige de Cd immergée dans une solution de Cd^{2+} à 0,03 M et l'autre une tige de Pt immergée dans une solution de Cl^- à 0,5 M barbotée par Cl_2 à 1 atm. La cellule globale est placée dans une chambre contrôlée à 10 °C. Identifier les deux demi-réactions et estimer la force électromotrice et l'énergie libre de la cellule. Les potentiels standards des couples redox sont: E^o (Cd^{+2}/Cd) = -0,4 V vs. ENH et E^o (Cl_2/Cl^-) = 1,36 V vs. ENH.

Sol19. Puisque le potentiel standard de Cl_2/Cl^- est supérieur à celui de Cd^{+2}/Cd, la réduction se produira à l'électrode de Cl_2/Cl^- et l'oxydation au terminal de Cd^{+2}/Cd.

Oxydation: $Cd \rightarrow Cd^{+2} + 2e^-$, E^o = +0,4 V

Réduction: $Cl_2 + 2e^- \rightarrow 2Cl^-$, E^o = 1,36 V

Réaction globale: $Cd + Cl_2 \rightarrow Cd^{2+} + 2Cl^-$

Notez bien que le potentiel de la réaction de Cd est inversé en signe parce qu'il est écrit sous la forme oxydée. Aux conditions standards, la tension globale de la cellule (fem^0) est la somme des potentiels standards des deux demi-réactions écrites comme ci-dessus:

fem^o = 0,4 + 1,36 = 1,76 V

L'équation de Nernst pourrait être appliquée pour calculer la tension à des conditions différentes des standards: $fem = fem^o - \frac{RT}{nF} Ln\ Q$, où Q est le quotient de réaction $\left(Q = \frac{(Cd^{2+})(Cl^-)^2}{(Cd)(Cl_2)}\right)$.

Puisque Cd est solide et Cl_2 un gaz à 1 atm, les deux ont des concentrations (ou activités) de 1. Le nombre d'électrons transférés est n = 2.

Cela donne: $fem = fem^o - \frac{RT}{nF} Ln\ (Cd^{2+})(Cl^-)^2 = 1,76 - \frac{8,31 \times 283}{2 \times 96485} Ln\ (0,03)(0,5)^2 = 1,76 - 0,012 \times (-4,89) = 1,81$ V

La tension globale de la cellule dans ces conditions est légèrement supérieure à la valeur standard en raison principalement de l'effet de concentration.

L'énergie libre de Gibbs de la cellule est:

$\Delta G = -nFfem = -2 \times 96485 \times 1,81 = -346,27$ kJ mol^{-1}

L'énergie libre est négative, ce qui signifie que la réaction globale se produit spontanément pour générer de l'énergie.

Q20. Brièvement définir la galvanoplastie. Dans quelles applications la galvanoplastie est-elle utilisée?

Sol20. En galvanoplastie, une solution contenant des sels métalliques est soumise à un potentiel ou courant électrique. Les cations métalliques réduisent et déposent ensuite sur l'électrode pour former des films minces. Par exemple, dans l'électrodéposition de Zn, une solution de $ZnCl_2$ est soumise à un potentiel. Zn^{2+} se réduit en Zn ($Zn^{+2} + 2e^- \rightarrow Zn$) et des fines couches de métal Zn sont déposées sur la surface de l'électrode.

La galvanoplastie est principalement utilisée à des fins décoratives et protectives contre la corrosion.

Q21. Les oxydes/hydroxydes suivants peuvent-ils être formés lors de la corrosion de Fe: $Fe_2O_3 \cdot nH_2O$, Fe_2O_3, $Fe(OH)_3 \cdot nH_2O$ et/ou $Fe(OH)_3$?

Sol21. Selon les conditions (acidité, O_2, température), beaucoup de ces oxydes/hydroxydes pourraient former au cours du processus de corrosion de Fe.

Q22. La réaction entre Zn et HCl est-elle redox? Si oui, identifier les espèces oxydantes et réductrices.

Sol22. Oui, un transfert d'électrons est impliqué dans la réaction entre le Zn et HCl (attaque d'un métal par un acide). Par conséquent, la réaction est redox. HCl est un acide fort et susceptible d'être l'oxydant qui arrachera des électrons du Zn. Les deux demi-réactions peuvent être résumées comme suit:

Oxydation: $Zn \rightarrow Zn^{2+} + 2e^-$

Réduction: $2H^+ + 2e^- \rightarrow H_2$

Réaction globale: $Zn + 2H^+ \rightarrow Zn^{2+} + H_2$

Puisque Cl^- n'est pas impliqué dans la réaction, donc joue le rôle d'un ion spectateur.

Le contact entre le Zn et l'acide devrait libérer de l'hydrogène gazeux.

Par conséquent, l'oxydant est H^+ et le réducteur est Zn.

Q23. Identifier les réponses fausses: i) la formation de rouille est renforcée en air humide, ii) la rouille d'une tige de fer pourrait être évitée en l'attachant à une tige de Mg, iii) la formation de rouille est empêchée en déposant un revêtement de Zn, et/ou iv) la rouille est empêchée en présence de NaCl.

Sol23. Toutes les suggestions sont correctes sauf iv). Le NaCl est un sel très soluble avec une grande conductivité ionique. En conséquence, sa présence accélérera plutôt la vitesse de corrosion car elle augmente le transport de charge pendant le processus de corrosion.

Q24. i) Expliquer comment les potentiels de réduction standard pourraient aider à déterminer la susceptibilité des métaux à la corrosion. ii) Expliquer pourquoi l'étain (Sn) est utilisé dans la fabrication des boites de conserve alimentaires, telles que celles utilisées pour des sardines.

Sol24. i) La comparaison entre les potentiels de réduction standards devrait fournir des informations sur les métaux les plus sensibles à l'oxydation. Les métaux ayant des potentiels de réduction plus faibles ont plus de susceptibilité à l'oxydation (où corrosion).

ii) Puisque Sn (-0,14 V) a un potentiel supérieur à celui de Fe (-0,44 V), il est utilisé pour modifier des conteneurs en Fe afin d'augmenter leur résistance à la corrosion. Donc, les aliments (comme des sardines, légumes et fruits, entre autres) peuvent être stockés pendant des années sans que les boîtes se corrodent pour provoquer un empoisonnement alimentaire ou changement du goût des aliments.

Q25. i) Expliquer pourquoi le magnésium (Mg) est utilisé comme électrode métallique sacrificielle contre la corrosion. ii) Proposer une méthode pour éviter la corrosion des tuyaux souterrains.

Sol25. i) Le Mg pourrait être utilisé comme électrode sacrificielle contre la corrosion en raison de son faible potentiel (-2,71 V) par rapport à celui du Fe (-0,44 V). Par conséquent, Mg pourrait facilement donner des électrons lorsqu'il est mis en contact avec de O_2 au lieu de Fe.

ii) Les tuyaux souterrains en Fe peuvent être connectés électriquement aux électrodes de Mg. En raison du faible potentiel de Mg par rapport à celui de Fe, Mg corrodera au lieu de Fe et protégera les tuyaux de Fe de la corrosion. Les électrodes de Mg doivent être remplacées par des nouvelles quand elles sont gravement détériorées par la corrosion.

Q26. Considérons une cellule galvanique (voltaïque) contenant une électrode métallique inconnue X aux conditions standards: $X_{(s)} | X^{3+}(mol\ L^{-1}) \| Pb^{2+}(mol\ L^{-1}) | Pb_{(s)}$

En supposant que la *fem*^{o} standard de la cellule est de 1,53 V, déterminer X. Le potentiel standard E^o (Pb^{2+}/Pb) = -0,13 V vs. ENH.

Sol26. Le diagramme de cellule suggère que l'oxydation se produit au terminal X et la réduction au terminal de Pb.

Oxydation: $(X \rightarrow X^{3+} + 3e^-) \times 2$

Réduction: $(Pb^{2+} + 2e^- \rightarrow Pb) \times 3$

Réaction globale: $2X + 3Pb^{2+} \rightarrow 2X^{3+} + 3Pb$

Notez bien que les deux demi-réactions sont multipliées par des facteurs pour éliminer le nombre total d'électrons dans la réaction globale.

La *fem*° de la cellule est la somme des potentiels des deux demi-réactions écrites comme ci-dessus: $fem^o = E^o(X/X^{3+}) + E^o(Pb^{2+}/Pb)$, ou $E(X/X^{3+}) = fem^o - E^o(Pb^{2+}/Pb) = 153 - (-0,13) = + 0,166$ V

Gardez à l'esprit que le potentiel obtenu correspond à l'état d'oxydation, et pour comparer avec les potentiels de réduction standards des tables thermodynamiques, il doit être converti en état de réduction (-0,166 V). Ce potentiel correspond à celui de couple redox Al^{3+}/Al. Par conséquent, l'autre terminal est composé d'une tige en Al immergée dans une solution Al^{3+}.

Q27. Brièvement, qu'est-ce qu'une cellule réversible? Fournir un exemple typique de cellules réversibles.

Sol27. Une cellule réversible est une cellule électrochimique qui transforme les réactifs chimiques en électricité grâce à des réactions redox. Contrairement aux cellules de première génération qui doivent être disposées après la décharge, les cellules réversibles peuvent être rechargées après avoir été déchargées en appliquant une tension externe pour inverser les réactions. Les batteries au plomb utilisées dans les moteurs à démarrage automobiles sont des cellules réversibles.

Q28. Expliquer la raison pour laquelle les cellules sèches ne peuvent pas fonctionner comme des cellules réversibles.

Sol28. Dans les cellules réversibles, les produits issus des réactions redox pourraient être inversés dans leurs formes d'origine en appliquant une tension externe pour recharger la cellule. Pour atteindre cet objectif, les produits de réaction à l'anode et cathode doivent rester attachés aux électrodes pour être inversés aux réactifs pendant le processus de charge. Dans les cellules sèches, le Zn^{2+} produit lors de l'oxydation du Zn diffuse et le gaz ammoniac émis à la cathode forme des complexes irréversibles. Cela rend difficile l'inversion des réactions aux réactifs initiaux. Par conséquent, une fois la cellule est déchargée, elle ne peut plus être rechargée pour d'autres cycles.

Q29. i) Les cellules voltaïques ont besoin de quoi pour se recharger pour d'autres cycles d'usage? Justifier votre réponse avec un exemple. ii) Quels électrolytes sont utilisés dans les accumulateurs au plomb?

Sol29. i) Les cellules rechargeables doivent avoir les produits des réactions présents sur les électrodes pour une future reconversion en réactifs pendant les cycles de recharge. Si les produits s'éloignent des électrodes ou forment d'autres composants complexes, ils seront difficiles à reconvertir en réactifs. Un exemple typique de cellules rechargeables est l'accumulateur au plomb. Les sulfates de plomb produits à l'anode et cathode restent sur les électrodes. Lors de l'application d'une tension externe pendant les cycles de recharge, le sulfate de plomb se reconvertit en oxyde de plomb au niveau des électrodes. Si le sulfate de plomb se détache des électrodes et tombe au fond de la cellule pendant la décharge, la reconversion devient impossible.

ii) Les accumulateurs au plomb utilisent une solution d'acide sulfurique forte (30%) comme électrolyte.

Q30. i) Écrire les deux demi-réactions ainsi que la réaction globale se produisent dans les batteries au plomb rechargeables. ii) Estimer la force électromotrice de la cellule. iii) Comment cette force électromotrice pourrait-elle être convertie en une cellule de 12 V pouvant être utilisée dans les moteurs de démarrage automobile? Les potentiels standards sont: E^o (Pb^{2+}/Pb) = -0,13 V vs. ENH et E^o (PbO_2/Pb) = 1,455 V vs. ENH.

Sol30. i) Puisque le potentiel du couple redox PbO_2/Pb (1,455 V) est supérieur à celui de Pb^{2+}/Pb (-0,13 V), donc PbO_2 se réduit en Pb à la cathode et Pb s'oxyde en Pb^{2+} à l'anode selon les réactions suivantes:

Oxydation: $Pb_{(s)} + SO_4^{2-} \rightarrow PbSO_{4(s)} + 2e^-$, E^o = +0,13 V

Réduction: $PbO_{2(s)} + 4H^+ + SO_4^{2-} + 2e^- \rightarrow PbSO_{4(s)} + 2H_2O$, E^o = 1,46 V

Réaction globale: $Pb_{(s)} + 2SO_4^{2-} + PbO_{2(s)} + 4H^+ \rightarrow PbSO_{4(s)} + PbSO_{4(s)} + 2H_2O$

Notez bien que le potentiel de la première demi-réaction est inversé puisqu'il est écrit sous la forme oxydée. ii) La *fem* de la cellule est la somme des potentiels des deux demi-réactions écrites comme ci-dessus: *fem* = 0,13 + 1,46 = 1,59 V

iii) Cette *fem* pourrait être convertie en 12 V en assemblant plusieurs cellules de 1,59 V en série. Cette configuration va additionner leurs tensions pour donner 12 V ($\frac{12}{1,59}$ = 7,54). Par conséquent, l'assemblage de 8 de ces cellules devrait suffire à induire 12 V.

Q31. Considérons une cellule faite d'une tige de Zn immergée dans une solution de Zn^{2+} comme cathode connectée à une tige de Pb immergée dans une solution de Pb^{2+} comme anode. i) Écrire les deux demi-réactions et la réaction globale. ii) Estimer la force électromotrice de la cellule dans les conditions standards. iii) La réaction globale est-elle spontanée? Les potentiels standards sont: E^o (Zn^{2+}/Zn) = -0,76 V vs. ENH et E^o (Pb^{2+}/Pb) = -0,126 V vs. ENH.

Sol31. i) Puisque l'oxydation se produit au terminal de Pb et la réduction à celui de Zn, les deux demi-réactions peuvent être résumées comme suit:

Oxydation: $Pb_{(s)} \rightarrow Pb^{2+}_{(aq)} + 2e^-$, E^o = +0,126 V

Réduction: $Zn^{2+}_{(aq)} + 2e^- \rightarrow Zn_{(s)}$, E^o = -0,76 V

Réaction globale: $Zn^{2+}_{(aq)} + Pb_{(s)} \rightarrow Zn_{(s)} + Pb^{2+}_{(aq)}$

ii) La *fem* de la cellule est obtenue en additionnant les potentiels des deux demi-réactions écrites comme ci-dessus. Notez bien que le potentiel de la réaction à base de Pb est inversé puisqu'il est écrit sous la forme oxydée. *fem* = 0,126 + (-0,76) = -0,634 V

La valeur de la *fem* est négative, ce qui signifie que l'énergie libre de Gibbs ΔG est positive (ΔG = - nF*fem*). La réaction globale n'est donc pas spontanée.

Q32. i) Brièvement définir les titrages redox. ii) Estimer la molarité de H_2O_2 si 10 mL de H_2O_2 sont nécessaires pour neutraliser 20 mL de solution de $KMnO_4$ 0,1 M. Les potentiels standards sont: E^o (MnO_4^-/Mn^{2+}) = +1,58 V vs. ENH et E^o (O_2/H_2O_2) = +0,68 V vs. ENH.

Sol32. i) Les titrages redox reposent sur des oxydants neutralisés par des réducteurs ou vice versa. Les titrages redox sont similaires aux neutralisations acido-basiques mais au lieu d'un échange de protons (acide/base), les électrons sont échangés dans des titrages redox. ii) Au point d'équivalence, le nombre d'équivalents de l'oxydant est égal à celui du réducteur. En d'autres termes: $N_{H2O2} \times V_{H2O2} = N_{KMnO4} \times V_{KMnO4}$, où N représente la normalité et V le volume.

Pour déterminer la normalité de chaque espèce, les deux demi-réactions et la réaction globale doivent être écrites et équilibrées pour avoir les stœchiométries.

Les potentiels standards indiquent que la réduction se produit au terminal de Mn due à son potentiel élevé et l'oxydation se produit au niveau de la demi-cellule de H_2O_2.

Oxydation: ($H_2O_{2(aq)} \rightarrow O_{2(g)} + 2H^+_{(aq)} + 2e^-$) × 5

Réduction: $(MnO_4^-{}_{(aq)} + 8H^+{}_{(aq)} + 5e^- \rightarrow Mn^{2+}{}_{(aq)} + 4H_2O) \times 2$

Réaction globale: $5H_2O_{2(aq)} + 2MnO_4^-{}_{(aq)} + 6H^+{}_{(aq)} \rightarrow 5O_{2(aq)} + 2Mn^{2+}{}_{(aq)} + 8H_2O$

La réaction globale indique que 5 moles de H_2O_2 nécessitent 2 moles de MnO_4^-.

Donc: $\frac{1}{5}(M_{H2O2} \times V_{H2O2}) = \frac{1}{2}(M_{KMnO4} \times V_{KMnO4})$, où M est la molarité.

$\frac{1}{2}(M_{H2O2} \times 10) = \frac{1}{5}(0,1 \times 20)$, ou $M_{H2O2} = 0,16$ mol L^{-1}

Q33. i) Brièvement définir le poids équivalent d'une substance redox. ii) Déterminer le poids équivalent de HCl dans la réaction redox suivante.

$$Cl^- + 3H_2O \rightarrow ClO_3^- + 6H^+ + 6e^-$$

iii) Quels sont les poids équivalents de Na et Mg à leurs états d'oxydation normaux?

Sol33. i) Le poids équivalent d'une substance redox représente son poids divisé par le nombre d'électrons impliqués dans son processus d'oxydation ou de réduction.

ii) La réaction indique que l'état (ou nombre) d'oxydation de Cl est passé de -1 à +5. Par conséquent, 6 électrons sont échangés au cours du processus. Dans ce cas, le poids équivalent est le sixième ($\frac{1}{6}$) du poids moléculaire de HCl ou: $\frac{36,5}{6} = 6,08$ g

iii) Aux états d'oxydation normaux, Na perd 1 électron et Mg peut donner jusqu'à 2 électrons suivant les reactions:

Na $\rightarrow$ Na$^+$ + e^-

Mg $\rightarrow$ Mg^{2+} + 2e^-

Les réactions indiquent que le poids équivalent de Na est égal à son poids atomique et celui de Mg est égal à la moitié de son poids atomique.

Q34. Estimer le poids équivalent de $KMnO_4$ pendant son titrage redox avec de H_2O_2 suivant la réaction:

$2MnO_4^- + 5H_2O_2 + 6H^+ \rightarrow 2Mn^{2+} + 5O_2 + 8H_2O$

Sol34. La réaction globale indique que le nombre d'oxydation de Mn diminue de +7 dans MnO_4^- à +2 dans Mn^{2+}. Cela signifie que 5 électrons sont échangés pendant le processus.

Poids équivalent = $\frac{\text{masse molaire}}{\text{nombre d'électrons gagnés ou perdus}} = \frac{158}{5} = 31,6\ g$

Q35. i) Si une électrode à hydrogène est connectée à une électrode de Zn, quelles seront les demi-réactions d'oxydation et de réduction ainsi que la réaction globale? ii) Écrire les deux demi-réactions et la réaction globale si Zn est remplacé par de Cu. iii) Donner un nom a cette cellule.

iv) Calculer la tension de la cellule (ou *fem*) dans les deux cas. Les potentiels standards sont: E^o (Zn^{2+}/Zn) = -0,76 V vs. ENH, E^o (H^+/H_2) = 0 V vs. ENH et E^o (Cu^{+2}/Cu) = 0,34 V vs. ENH.

Sol35. i) Comme Zn a un potentiel inférieur à celui de l'hydrogène, Zn s'oxyde et H^+ réduit selon les réactions suivantes:

Oxydation: $Zn \rightarrow Zn^{2+} + 2e^-$, $E^o = +0,76$ V

Réduction: $2H^+ + 2e^- \rightarrow H_2$, $E^o = 0$ V

Réaction globale: $Zn_{(s)} + 2H^+_{(aq)} \rightarrow Zn^{2+}_{(aq)} + H_{2(g)}$

Notez bien que le potentiel de Zn est inversé puisque la réaction est écrite sous la forme oxydée. La tension de la cellule (ou *fem*) est la somme des potentiels des deux demi-réactions écrites comme ci-dessus: $E^o_{total} = 0,76 + 0 = 0,76$ V

ii) Le remplacement de Zn par du Cu inverse le flux d'électrons puisque le Cu a un potentiel plus élevé (ou plus d'affinité pour les électrons) que l'hydrogène. En conséquence, le Cu se réduit et l'hydrogène s'oxyde pour fournir des électrons.

Oxydation: $H_2 \rightarrow 2H^+ + 2e^-$, $E^o = 0$ V

Réduction: $Cu^{+2} + 2e^- \rightarrow Cu$, $E^o = 0,34$ V

Réaction globale: $H_2 + Cu^{+2} \rightarrow 2H^+ + Cu$

iii) Des cellules impliquant une électrode à hydrogène sont appelées cellules à électrode d'hydrogène. iv) Notez bien que le potentiel hydrogène est inversé puisque la réaction est écrite sous la forme oxydée. La tension de la cellule (ou *fem*) est la somme des potentiels des deux demi-réactions écrites comme ci-dessus: $E^o_{cell} = fem^o = 0 + 0,34 = 0,34$ V

Q36. Les potentiels redox sont-ils utiles pour estimer les constantes de solubilité des sels légèrement solubles?

Sol36. Oui, les potentiels redox sont utiles pour estimer les constantes de solubilité des sels légèrement solubles, car ils sont difficiles à mesurer analytiquement en raison de leurs très faibles concentrations. Ceci pourrait être réalisé en utilisant l'équation de Nernst.

Q37. Considérons une cellule faite de deux tiges de métal inerte: l'une immergée dans une demi-cellule contenant (Fe^{3+}/Fe^{2+}) et l'autre dans de (Br_2/Br^-). À quelles électrodes l'oxydation et la réduction se produiront-elles si la réaction globale est spontanée? Calculer ΔG de la réaction globale. Les potentiels standards sont: E^o (Fe^{3+}/Fe^{2+}) = 0,77 V vs. ENH et E^o (Br_2/Br^-) = +1,066 V vs. ENH.

Sol37. Puisque les deux électrodes sont inertes, ils ne seront pas impliqués dans les réactions redox, sauf pour transférer les électrons d'un pôle à l'autre.

La comparaison entre les potentiels des deux demi-réactions indique que Br_2/Br^- assurera la demi-réaction de réduction en raison de son potentiel supérieur.

Oxydation: $(Fe^{2+} \rightarrow Fe^{3+} + 1e^-) \times 2$, $E^o = -0,77$ V

Réduction: $Br_2 + 2e^- \rightarrow 2Br^-$, $E^o = +1,066$ V

Réaction globale: $Br_2 + 2Fe^{2+} \rightarrow 2Br^- + 2Fe^{3+}$

Notez bien que la réaction d'oxydation est multipliée par un facteur de 2 pour éliminer le nombre d'électrons dans la réaction globale. Cependant, le potentiel redox ne doit pas être multiplié car le nombre d'électrons est déjà inclus dans son calcul ($E = -\frac{\Delta G}{nF}$). De l'autre côté, le calcul de ΔG doit inclure l'ensemble des électrons échangés dans la réaction globale.

La *fem* de la cellule est simplement la somme des potentiels des deux réactions écrites comme ci-dessus: *fem* = +1,066 – 0,77 = 0,296 V

Donc, ΔG = -nFE = - 2 × 96,5 × 0,296 = -57,128 kJ mol^{-1}

Le signe négatif de ΔG confirme la spontanéité de la réaction.

Q38. Une cellule est constituée de deux tiges conductrices inertes immergées dans une solution acide. De gaz H_2 est barboté à une tige et Cl_2 à l'autre électrode aux conditions standards. Identifier les pôles d'oxydation et de réduction. Calculer la force électromotrice et l'énergie libre de la cellule globale. Le potentiel standard de (Cl_2/Cl^-) est +1,36 V vs. ENH.

Sol38. Puisque les tiges métalliques sont inertes, elles serviront uniquement pour le transfert d'électrons d'un pôle à l'autre et ne participeront pas aux réactions d'oxydoréduction. Par conséquent, les réactions possibles à l'anode et à la cathode impliqueront les gaz H_2 et Cl_2 ainsi que les protons H^+ présents en solution. Le potentiel du couple redox (H^+/H_2) aux conditions standards est de 0 V et celui de (Cl_2/Cl^-) est de +1,36 V. Par conséquent, (Cl_2/Cl^-) devrait être le pôle de réduction en raison de son potentiel élevé et (H^+/H_2) le pôle d'oxydation.

Oxydation: $H_2 \rightarrow 2H^+ + 2e^-$, $E^o = 0$ V

Réduction: $Cl_2 + 2e^- \rightarrow 2Cl^-$, $E^o = +1,36$ V

Réaction globale: $H_2 + Cl_2 \rightarrow 2H^+ + 2Cl^-$

Le voltage de la cellule globale ou *fem* est la somme des potentiels des deux demi-réactions écrites comme ci-dessus: *fem* = 0 + 1,36 = 1,36 V

Le ΔG de la cellule est défini par: $\Delta G = -nFfem = -2 \times 96,5 \times 1,36 = -262,48$ kJ mol^{-1}

Le signe négatif de l'énergie libre signifie que la réaction globale est spontanée dans cette direction.

Q39. Considérons une cellule composée de deux tiges de Fe et Pt immergées dans une solution acide. La tige de Pt est barbotée avec de l'hydrogène gazeux. Déterminer les deux demi-réactions et la réaction globale dans le cas d'un processus spontané. Estimer la *fem* et l'énergie libre de la cellule. Le potentiel standard de (Fe^{2+}/Fe) = -0,41 V vs. ENH.

Sol39. Le Pt est inerte et peu susceptible de participer aux réactions redox, donc servira uniquement pour le transfert d'électrons. Comme le potentiel de (Fe^{+2}/Fe) est inférieur à celui de (H$^+$/H$_2$ = 0 V), donc (H$^+$/H$_2$) assurera la demi-réaction de réduction et (Fe^{+2}/Fe) la demi-réaction d'oxydation.

Oxydation: Fe $\to$ Fe^{2+} + 2e$^-$, E^o = +0,41 V

Réduction: 2H$^+$ + 2e$^-$ $\to$ H$_2$, E^o = 0 V

Cellule globale: Fe + 2H$^+$ $\to$ Fe^{2+} + H$_2$

Notez bien que le potentiel de la réaction de Fe est inversé car il est écrit sous la forme oxydée.

La *fem* de la cellule est la somme des potentiels des deux demi-réactions écrites comme ci-dessus: *fem* = 0 + 0,41 = 0,41 V

L'énergie libre $\Delta G = -nFfem = -2 \times 96,5 \times 0,41 = -79,13$ kJ mol^{-1}

Le signe négatif de l'énergie libre confirme que la réaction globale est spontanée dans cette direction.

Q40. Considérer des tiges des métaux suivantes: Fe, Cd, Cu et Au. Chaque tige est immergée dans une cellule contenant une solution acide. Quelles tiges produiront des bulles de H$_2$? Expliquer pourquoi en utilisant des réactions redox. Les potentiels standards sont: E^o (Fe^{2+}/Fe) = -0,44 V vs. ENH, E^o (Cd^{2+}/Cd) = -0,4 V vs. ENH, E^o (Au^{3+}/Au) = 1,5 V vs. ENH et E^o (Cu^{2+}/Cu) = 0,337 V vs. ENH.

Sol40. Des bulles d'hydrogène peuvent être produites à partir de la réduction des protons en milieu acide selon la réaction:

2H$^+$ + 2e$^-$ $\to$ H$_2$, E^o = 0 V

Le potentiel standard de cette électrode est nul. Par conséquent, tant que le potentiel d'oxydation de l'autre métal est supérieur à zéro, la gravure du métal dans la solution acide devrait produire des bulles d'hydrogène.

Pour le fer, le potentiel de réduction du couple est (Fe^{2+}/Fe = -0,44 V, $Fe^{2+} + 2e^- \rightarrow Fe$), ce qui signifie que la forme oxydée ($Fe \rightarrow Fe^{2+} + 2e^-$) a un potentiel de +0,44 V. Cette valeur est supérieur à celle du couple d'hydrogène ($2H^+ + 2e^- \rightarrow H_2$, E^o = 0 V). Par conséquent, l'immersion d'une tige de Fe dans une solution acide devrait induire une attaque chimique du métal par les protons. Simultanément, les protons vont se réduire pour former de l'hydrogène gazeux.

Pour la tige de Cd (Cd^{2+}/Cd = -0,4 V), le même scénario que celui de Fe devrait se produire en raison des similarités entre les valeurs des potentiels.

Pour les deux couples redox restants (Au^{3+}/Au = 1,5 V et Cu^{2+}/Cu = 0,337 V), les bulles d'hydrogène ne se produiront pas sur ces matériaux immergés dans des solutions acides à cause de leurs potentiels d'oxydation négatifs comparés à celui de l'électrode à hydrogène.

Le potentiel de réduction de ($Au^{3+} + 3e^- \rightarrow Au$) est de 1,5 V. Ainsi, la réaction d'oxydation ($Au \rightarrow Au^{3+} + 3e^-$) aura un potentiel de -1,5 V, ce qui est inférieur à celui de (H^+/H_2, 0 V).

Le même scénario s'applique à la tige de (Cu^{2+}/Cu = 0,337 V). En d'autres termes, l'immersion d'une tige de Cu dans une solution acide ne va pas graver le Cu et aucune bulle d'hydrogène ne sera produite.

Le contact entre le Fe et HCl doit être résumé par la réaction suivante:

Oxydation: $Fe \rightarrow Fe^{2+} + 2e^-$

Réduction: $2H^+ + 2e^- \rightarrow H_2$

Réaction globale: $Fe + 2H^+ \rightarrow Fe^{2+} + H_2$

Cl^- est un ion spectateur et pourrait être ajouté aux deux côtés de la réaction pour donner:

$Fe + 2HCl \rightarrow FeCl_2 + H_2$

Les produits issus des réactions globales de Fe et Cd doivent être des sels métalliques et de l'hydrogène gazeux.

Q41. Calculer les masses de Na et de Cl_2 produites lorsqu'une charge de 10 F passe à travers une cellule électrolytique remplie de NaCl fondu.

Sol41. La réaction d'électrolyse du NaCl fondu soumis à une charge électrique de 10 F est:

Réaction globale: $NaCl \rightarrow Na^+ + \frac{1}{2}Cl_2$

Cette réaction globale est composée de deux demi-réactions:

Oxydation: $Cl^- \rightarrow \frac{1}{2} Cl_{2(g)} + e^-$

Réduction : $Na^+ + e^- \rightarrow Na_{(fondu)}$

La réaction globale indique que le passage de 1 mole d'électrons (ou 1 F = 96500 C) produit 1 mole de Na et $\frac{1}{2}$ moles de Cl_2. Comme 1 mole de sodium pèse 22,98g et 1 mole de Cl_2 pèse 35,45 × 2 = 70,9 g, le passage de 1 mole d'électrons produira 22,98 g de Na et 35,45 de Cl_2. Si 10 F (ou 10 moles d'électrons) sont passés à travers la cellule, les masses doivent être multipliées par un facteur de 10. Cela produit 229,8 g de Na et 354,5 g de Cl_2.

Cela pourrait également être calculé en utilisant la loi d'électrolyse de Faraday:

$$q = it = \frac{mFz}{M}, \text{ou } m = \frac{qM}{Fz}$$

où m est la masse de la substance en grammes, q est la charge électrique totale traversant la substance, i est le courant électrique en ampère (A), F est la constante de Faraday (F = 96485 C mol^{-1}), M est la masse molaire de la substance en (g mol^{-1}) et z représente la valence de la substance ou le nombre d'électrons transférés par ion.

Q42. Un sel fondu de type $AlCl_3$ est soumis à une électrolyse. Calculer le nombre de Farads et le temps requis pour déposer 50 Kg d'Al.

Sol42. Avant de déterminer des quantités, il est conseillé d'écrire les réactions équilibrées pour permettre les conversions correctes des nombres de moles. L'électrolyse du sel fondu $AlCl_3$ produira du métal Al à une électrode et du gaz Cl_2 à l'autre.

Oxydation: $Cl^- \rightarrow \frac{1}{2} Cl_{2(g)} + e^-$

Réduction: $Al^{3+} + 3e^- \rightarrow Al_{(fondu)}$

Les équations montrent un déséquilibre au niveau des nombres d'électrons. Les deux réactions devraient échanger 1 mole d'électrons pour faciliter les calculs.

Oxydation: $Cl^- \rightarrow \frac{1}{2} Cl_{2(g)} + e^-$

Réduction: $\frac{1}{3}Al^{3+} + e^- \rightarrow \frac{1}{3} Al_{(fondu)}$

Par conséquent, le passage de 1 mole d'électrons (ou 1F) devrait produire $\frac{1}{2}$ moles de Cl_2 gaz et $\frac{1}{3}$ moles d'Al. D'autre part, 1 mole d'Al pèse 26,98 g. Par conséquent, le dépôt de 50000g nécessitera $(\frac{50000}{26,98}) \times 3 = 5559,67$ moles d'électrons.

Cela pourrait également être calculé en utilisant la loi d'électrolyse de Faraday:

$$q = it = \frac{mFz}{M}, \text{ou } m = \frac{qM}{Fz}$$

Où m est la masse de la substance en grammes, q est la charge électrique totale traversant la substance, i est le courant électrique en ampère (A), F est la constante de Faraday (F = 96485 C mol^{-1}), M est la masse molaire de la substance en (g mol^{-1}) et z représente la valence de la substance ou le nombre d'électrons transférés par ion.

Q43. Considérons une cellule électrochimique remplie de solution d'Ag$^+$ contenant une tige métallique de masse initiale de 10 g. Si un courant de 10 A est appliqué pendant 2 min, de combien la masse l'électrode a augmenté?

Sol43. L'application d'un courant électrique à la solution d'Ag$^+$ réduira Ag$^+$ en métal Ag, qui se déposera sur la tige métallique.

La réaction impliquée est: Ag$^+$ + 1e$^-$ → Ag

En utilisant la loi d'électrolyse de Faraday, il est possible d'estimer la masse.

$q = it = \dfrac{mFz}{M}$, ou $m = \dfrac{qM}{Fz}$

où m est la masse de la substance en grammes, q est la charge électrique totale traversant la substance, i est le courant électrique en ampère (A), F est la constante de Faraday (F = 96485 C mol^{-1}), M est la masse molaire de la substance en (g mol^{-1}), et z représente la valence de la substance ou le nombre d'électrons transférés par ion.

Cela donne: $q = it = 10 \times 120 = 1200$ C

$m = \dfrac{qM}{Fz} = \dfrac{1200 \times 107}{96485 \times 1} = 1{,}33$ gr

Q44. Calculer l'énergie libre standard de la cellule de Daniell (Zn/Cu) générant une tension de 1.1 V.

Sol44. Dans la cellule de Daniell, 2 électrons sont transférés pendant les réactions redox (n = 2).

$\Delta G = -nFE = -2 \times 96{,}5 \times 1{,}1 = -212{,}3$ kJ mol^{-1}

Le signe négatif de ΔG signifie que la réaction se produit spontanément pour générer de l'énergie.

Q45. Considérons une cellule de type Zn/Ni avec une énergie libre standard de -102 kJ mol^{-1} et un transfert de 2 électrons. Estimer la tension de la cellule. Existe-t-il d'autres méthodes pour calculer cette tension de cellule?

Sol45. La cellule implique le transfert de 2 électrons de Zn vers le Ni.

$\Delta G = -nFE$, ou $E = -\dfrac{\Delta G}{nF} = -\dfrac{(-102)}{96{,}5 \times 2} = 0{,}53$ V

Cette tension de cellule peut également être calculée en utilisant les potentiels standards trouvés dans les tables thermodynamiques.

Oxydation: $Zn \rightarrow Zn^{2+} + 2e^-$, $E^o = +0,763$ V

Réduction: $Ni^{2+} + 2e^- \rightarrow Ni$, $E^o = -0,25$ V

Réaction globale: $Zn + Ni^{2+} \rightarrow Zn^{2+} + Ni$

Le potentiel de la cellule est la somme des potentiels des deux demi-réactions écrits comme ci-dessus: $E_{cell} = 0,763 + (-0,25) = 0,53$ V

Q46. Considérer la réaction globale suivante:

$Zn^{2+}_{(aq)} + Pb_{(s)} \rightarrow Zn_{(s)} + Pb^{2+}_{(aq)}$

Calculer la tension globale de la cellule (ou *fem*) dans les conditions standards. Les potentiels standards sont: $E^o(Zn^{2+}/Zn) = -0,76$ V vs. ENH et $E^o(Pb^{2+}/Pb) = -0,126$ V vs. ENH.

Sol46. Cette réaction globale est composée de deux demi-réactions:

Oxydation: $Pb_{(s)} \rightarrow Pb^{2+}_{(aq)} + 2e^-$, $E^o = +0,126$ V

Réduction: $Zn^{2+}_{(aq)} + 2e^- \rightarrow Zn_{(s)}$, $E^o = -0,76$ V

Réaction globale: $Zn^{2+}_{(aq)} + Pb_{(s)} \rightarrow Zn_{(s)} + Pb^{2+}_{(aq)}$

Notez bien que le potentiel basé sur le Pb est inversé puisque la réaction est écrite sous la forme oxydée. La tension de la cellule (ou *fem*) est la somme des potentiels des deux demi-réactions écrites comme ci-dessus: $E^o_{cell} = fem = 0,126 + (-0,76) = -0,634$ V

Gardez à l'esprit que les demi-réactions d'oxydation et de réduction pourraient également être déterminées en utilisant la méthode du nombre d'oxydation si la réaction globale est fournie. Puisque l'état d'oxydation de Zn a diminué de +2 à 0, il assurera la demi-réaction de réduction. Le nombre d'oxydation de Pb a augmenté de 0 à +2, donc il va assurer la demi-réaction d'oxydation.

Q47. Considérer une cellule construite par deux demi-cellules. La première est constitué d'un fil de Zn trempé dans une solution de $Zn(NO_3)_2$. L'autre demi-cellule est composée d'une électrode inerte immergée dans une solution de Fe^{2+}/Fe^{3+}. Calculer le potentiel de la cellule à 25 °C et les concentrations suivantes: $(Zn^{2+}) = 0,22$ M, $(Fe^{2+}) = 0,42$ M et $(Fe^{3+}) = 0,69$ M. Les potentiels standards sont: $E^o(Zn^{2+}/Zn) = -0,763$ V vs. ENH et $E^o(Fe^{3+}/Fe^{2+}) = +0,771$ V vs. ENH.

Sol47. Pour calculer correctement la tension de la cellule, les réactions électrochimiques équilibrées doivent d'abord être écrites. Puisque Fe^{3+}/Fe^{2+} a un potentiel plus élevé, il assurera la demi-réaction de réduction et Zn^{2+}/Zn avec un potentiel inferieur assurera la demi-réaction d'oxydation.

Oxydation: Zn → Zn^{2+} + 2e^- , E^o = +0,763 V

Reduction: (Fe^{3+} + 1e^- → Fe^{2+}) × 2 , E^o = +0,771 V

Réaction globale: 2Fe^{3+} + Zn → 2Fe^{2+} + Zn^{2+}

Notez bien que le potentiel de la réaction de Zn est inversé puisque la réaction est écrite sous la forme oxydée. En outre, pour éliminer les électrons de la réaction globale, la réduction est multipliée par un facteur de 2. Le potentiel global de la cellule aux conditions standards est simplement la somme des potentiels des deux demi-réactions écrites comme ci-dessus.

$E^o_{cell} = fem^o$ = 0,771+ 0,763 = 1,534 V

Aux conditions différentes des standards (différentes concentrations dans ce cas), l'équation de Nernst est applicable.

$$E = E^o - \frac{RT}{nF} Ln\, Q = E^o - \frac{RT}{nF} Ln\, \frac{(Zn^{2+})(Fe^{2+})^2}{(Fe^{3+})^2} = 1{,}569\ V$$

Q48. Calculer la quantité de farads et de coulombs d'électricité nécessaire pour réduire 0,11 g de Cu^{2+} en cuivre métallique. La masse molaire de Cu = 63,54 g mol^{-1}.

Sol48. La réduction de Cu^{2+} en cuivre métallique (Cu) pourrait être exprimée par la réaction:

Réduction: Cu^{2+} + 2e^- → Cu

La réaction indique que 1 mole de Cu^{2+} donne 1 mole de Cu.

En utilisant la loi d'électrolyse de Faraday, il est possible d'estimer la charge électrique.

$$q = it = \frac{mFz}{M}$$

où m est la masse de la substance en grammes, q est la charge électrique totale traversant la substance, i est le courant électrique en ampère (A), F est la constante de Faraday (F = 96485 C mol^{-1}), M est la masse molaire de la substance en (g mol^{-1}) et z représente la valence de la substance ou le nombre d'électrons transférés par ion.

Cela donne: $q = \frac{0.11 \times 96485 \times 2}{63{,}54} = 334{,}12\ C$

La quantité de Farads requise est: $\frac{334{,}12}{96485} = 0{,}0034\ F$

Q49. Calculer la quantité d'électricité nécessaire pour réduire 0,8 moles de fer (III) en fer (II).

Sol49. La réduction de Fe^{3+} en Fe^{2+} peut être exprimée par la réaction:

Réduction: Fe^{3+} + 1e^- → Fe^{2+}

En utilisant la loi d'électrolyse de Faraday, il est possible d'estimer la quantité d'électricité.

$$q = it = \frac{mFz}{M}$$

où m est la masse de la substance en grammes, q est la charge électrique totale traversant la substance, i est le courant électrique en ampère (A), F est la constante de Faraday (F = 96485 C mol^{-1}), M est la masse molaire de la substance en (g mol^{-1}) et z représente la valence de la substance ou le nombre d'électrons transférés par ion.

Notez bien que $\frac{m}{M}$ représente le nombre de moles (n).

Cela donne: $q = nFz = 0,8 \times 96485 \times 1 = 77188$ C

La quantité de Farads requise est: $\frac{77188}{96485} = 0,8$ F

Q50. Calculer le nombre de moles d'Al formé en faisant passer un courant de 1,50 A à travers un sel fondu d'AlCl$_3$ pendant 9 heures.

Sol50. L'électrolyse du sel fondu AlCl$_3$ (Al^{3+}, 3Cl$^-$) forme de l'Al métal et du chlore gazeux selon les réactions redox suivantes:

Oxydation: (Cl$^- \rightarrow \frac{1}{2}$ Cl$_{2(g)}$ + 1e^-) × 3

Réduction: Al^{3+} + 3$e^- \rightarrow$ Al

Réaction globale: 3Cl$^-$ + Al$^{3+} \rightarrow \frac{3}{2}Cl_2$ + Al

Notez bien que la réaction d'oxydation est multipliée par un facteur de 3 pour éliminer le nombre d'électrons dans la réaction globale.

En utilisant la loi d'électrolyse de Faraday, il est possible d'estimer le nombre de moles.

$q = it = \frac{mFz}{M}$

où m est la masse de la substance en grammes, q est la charge électrique totale traversant la substance, i est le courant électrique en ampère (A), F est la constante de Faraday (F = 96485 C mol^{-1}), M est la masse molaire de la substance en (g mol^{-1}) et z représente la valence de la substance ou le nombre des électrons transférés par ion.

Notez bien que $\frac{m}{M}$ représente le nombre de moles (n).

Cela donne: $it = nFz$, ou $n = \frac{it}{Fz} = \frac{1,5 \times 9 \times 60 \times 60}{96485 \times 3} = 0,1678$ moles

Q51. La quantité de charge électrique passée à travers un circuit pourrait être estimée en mesurant la masse d'Ag solide déposé par électrolyse d'Ag$^+$ dissous. Calculer la quantité de charge si la masse d'électrode a augmenté de 0,298 g. La masse molaire d'Ag est de 107,86 g mol^{-1}.

Sol51. Le dépôt d'Ag pourrait être exprimé par la réaction:

Réduction: $Ag^+ + 1e^- \rightarrow Ag$

En utilisant la loi d'électrolyse de Faraday, il est possible d'estimer la quantité de charge.

$q = it = \frac{mFz}{M}$

où m est la masse de la substance en grammes, q est la charge électrique totale traversant la substance, i est le courant électrique en ampère (A), F est la constante de Faraday (F = 96485 C mol^{-1}), M est la masse molaire de la substance en (g mol^{-1}) et z représente la valence de la substance ou le nombre d'électrons transférés par ion.

Cela donne: $q = \frac{0,298 \times 96485 \times 1}{107,86} = 266,88$ C

Q52. Calculer le temps nécessaire pour libérer 0,03 moles d'hydrogène gazeux au cours de l'électrolyse d'une solution de HCl soumise à un courant de 0,063 A.

Sol52. Le dégagement d'hydrogène lors de l'électrolyse de HCl peut être exprimé par les réactions suivantes:

Oxydation: $Cl^- \rightarrow \frac{1}{2}Cl_{2(g)} + 1e^-$

Réduction: $H^+ + 1e^- \rightarrow \frac{1}{2}H_2$

Réaction globale: $Cl^- + H^+ \rightarrow \frac{1}{2}Cl_2 + \frac{1}{2}H_2$

En utilisant la loi d'électrolyse de Faraday, il est possible d'estimer le temps d'électrolyse.

$q = it = \frac{mFz}{M}$, ou $t = \frac{mFz}{iM}$

où m est la masse de la substance en grammes, q est la charge électrique totale traversant la substance, i est le courant électrique en ampère (A), F est la constante de Faraday (F = 96485 C mol^{-1}), M est la masse molaire de la substance en (g mol^{-1}) et z représente la valence de la substance ou le nombre d'électrons transférés par ion.

Notez bien que $\frac{m}{M}$ représente le nombre de moles (n).

Cela donne: $t = \frac{nFz}{i}$

La réaction globale indique que 1 mole de HCl libère $\frac{1}{2}$ moles de H_2.

$t = \frac{2nFz}{i} = \frac{2 \times 0,03 \times 96485 \times 1}{0,063} = 91905$ seconds = 25,52 heurs

Q53. L'électrolyse de NaCl fondu donne de Na et Cl_2 tandis que l'électrolyse de NaCl aqueux forme de H_2 et Cl_2. Expliquer la différence en utilisant des réactions redox.

Sol53. Un sel fondu comme le NaCl à 801 °C soumis à un courant électrique dans une cellule polarisée se sépare en chlore gazeux (Cl_2) à une électrode et sodium métallique à l'autre électrode.

Oxydation: $Cl^- \rightarrow \frac{1}{2}Cl_{2(g)} + e^-$

Réduction: $Na^+ + e^- \rightarrow Na_{(fondu)}$

Réaction globale: $Cl^- + Na^+ \rightarrow \frac{1}{2}Cl_2 + Na$

D'autre part, le sel de NaCl dissous dans l'eau soumis à l'électrolyse devrait induire de l'hydrogène gazeux (H_2) à la cathode et du chlore gazeux (Cl_2) à l'anode.

Oxydation: $Cl^- \rightarrow \frac{1}{2}Cl_{2(g)} + e^-$

Réduction: $2H^+_{(aq)} + 2e^- \rightarrow H_{2(g)}$ ou $2H_2O_{(aq)} + 2e^- \rightarrow H_{2(g)} + 2OH^-_{(aq)}$

La présence de plusieurs ions concurrents en solution devrait réduire ou oxyder d'abord ceux qui ont des affinités plus élevées aux électrons (énergies ou potentiels inférieurs). Par exemple, Na^+ peut être réduit en Na dans une solution aqueuse contenant du sel NaCl mais cela nécessite une énergie (ou potentiel) plus élevée et parce que d'autres espèces (H^+, H_2O) sont présentes et nécessitent des énergies plus faibles, elles seront plutôt les espèces qui vont se réduire. Par comparaison, à l'état fondu, seuls le Na^+ et Cl^- sont présents dans le milieu. En conséquence, ils seront les seules espèces soumises à la réduction et l'oxydation malgré leurs énergies (ou potentiels) élevées.

Q54. Une quantité d'électricité est passée à travers une solution aqueuse de nitrate d'argent pour déposer 3,50 g d'argent sur la cathode. Calculer la quantité de plomb qui va déposer si la même quantité d'électricité est appliquée à une solution de $PbCl_2$. La masse molaire de Ag = 107,96 g mol^{-1} et celle de Pb = 207,2 g mol^{-1}.

Sol54. En utilisant la loi d'électrolyse de Faraday, il est possible d'estimer la masse déposée.

$q = it = \frac{mFz}{M}$, ou $m = \frac{qM}{Fz}$

où m est la masse de la substance en grammes, q est la charge électrique totale traversant la substance, i est le courant électrique en ampère (A), F est la constante de Faraday (F = 96485 C mol^{-1}), M est la masse molaire de la substance en (g mol^{-1}) et z représente la valence de la substance ou le nombre d'électrons transférés par ion.

La réduction d'Ag peut être exprimée par la réaction:

Réduction: $Ag^+ + 1e^- \rightarrow Ag$

La quantité d'électricité: $q = \frac{3,5 \times 96485 \times 1}{107,86} = 3131,37$ C

Cette même quantité d'électricité est ensuite passée à travers une solution de Pb^{2+} pour déposer du Pb selon la réaction:

Réduction: $Pb^{2+} + 2e^- \rightarrow Pb$

$m = \frac{qM}{Fz} = \frac{3131{,}37 \times 207{,}2}{96485 \times 2} = 3{,}36\ g$

En somme, 3,36 g de Pb vont déposer sur la cathode.

Q55. De $ZnCl_2$ fondu est soumis à une électrolyse en passant un courant de 1,7 A pour déposer 25,0 g de Zn sur la cathode. Estimer la masse de Cl_2 libérée à l'anode. La masse molaire de Zn = 65,38 g mol^{-1} et celle de Cl = 35,45 g mol^{-1}.

Sol55. L'électrolyse de $ZnCl_2$ générera de Cl_2 à l'anode et déposera de Zn à la cathode en fonction des réactions.

Anode: $2Cl^- \rightarrow Cl_2 + 2e^-$

Cathode: $Zn^{2+} + 2e^- \rightarrow Zn$

Réaction globale: $2Cl^- + Zn^{2+} \rightarrow Cl_2 + Zn$

En utilisant la loi d'électrolyse de Faraday, il est possible d'estimer la charge électrique et la masse déposée.

$q = it = \frac{mFz}{M}$, ou $m = \frac{qM}{Fz}$

Où m est la masse de la substance en grammes, q est la charge électrique totale traversant la substance, i est le courant électrique en ampère (A), F est la constante de Faraday (F = 96485 C mol^{-1}), M est la masse molaire de la substance en (g mol^{-1}) et z représente la valence de la substance ou le nombre d'électrons transférés par ion.

La quantité d'électricité passée à travers la cellule d'électrolyse est:

$q = \frac{25 \times 96485 \times 1}{65{,}38} = 73799{,}32\ C$

Cette même quantité d'électricité est passée à travers l'anode pour générer de Cl_2.

$m = \frac{qM}{Fz} = = \frac{73799{,}32 \times 35{,}47}{96485 \times 2} = 27{,}12\ g$

Par conséquent, l'électrolyse générera 27,12 g de Cl_2.

Q56. L'objectif de construction des grands barrages sur des rivières principales est de fournir une énergie hydroélectrique bon marché pour la production de métaux, tels que l'aluminium (Al). Si la centrale électrique de chaque barrage induit un courant de 108 A à une tension suffisamment élevée pour décomposer de l'Al à partir de sel fondu d'aluminium, calculer la production quotidienne d'aluminium métallique si toute l'électricité d'un barrage est utilisée. Combien de barrages seraient nécessaires pour une production journalière de 2500 tonnes métriques d'Al? 1 tonne métrique = 1000 kg.

Sol56. La production d'Al pourrait être exprimée par la réaction suivante:

Réduction: $Al^{3+} + 3e^- \rightarrow Al$

En utilisant la loi d'électrolyse de Faraday, il est possible d'estimer la masse déposée.

$q = it = \dfrac{mFz}{M}$, ou $m = \dfrac{itM}{Fz}$

où m est la masse de la substance en grammes, q est la charge électrique totale traversant la substance, i est le courant électrique en ampère (A), F est la constante de Faraday (F = 96485 C mol^{-1}), M est la masse molaire de la substance en (g mol^{-1}) et z représente la valence de la substance ou le nombre d'électrons transférés par ion.

Pour une production quotidienne (24 heures), $m = \dfrac{10^8 \times 24 \times 60 \times 60 \times 26{,}98}{96485 \times 3} = 8{,}05 \times 10^8$ g = $8{,}05 \times 10^5$ kg = $8{,}05 \times 10^2$ tonnes métriques

La production de 2500 tonnes nécessite une moyenne de 3 barrages.

Q57. Le dichromate de potassium ($K_2Cr_2O_7$) est souvent utilisé dans les titrages redox. Une solution de $K_2Cr_2O_7$ est préparée en ajoutant 2,5 g du sel dans 100 ml d'eau. Calculer la molarité de la solution. Si Cr^{3+} diminue pendant le titrage, calculer la normalité de la solution. La masse molaire de $K_2Cr_2O_7$ = 294,185 g mol^{-1}.

Sol57. La molarité est définie par: $\dfrac{\text{masse}}{\text{mass molaire} \times \text{volume}} = \dfrac{2{,}5 \text{ g}}{294{,}185 \text{ g } mol^{-1} \times 0{,}1 \text{ L}} = 0{,}085$ mol L^{-1}

La normalité implique le nombre d'équivalents d'électrons transférés au cours de la réaction. Cela pourrait être estimé en calculant la variation du nombre d'oxydation. La demi-réaction de réduction de $Cr_2O_7^{2-}$ pourrait être résumée comme suit:

$Cr_2O_7^{2-} + 14H^+ + 6e^- \rightarrow 2Cr^{3+} + 7H_2O$

Le nombre d'oxydation est passé de +6 dans $Cr_2O_7^{2-}$ à +3 dans Cr^{3+}. Par conséquent, 3 électrons sont impliqués pour Cr et 6 électrons pour 2Cr.

Normalité = Molarité × Équivalent d'électrons = 0,085 × 6 = 0,51 N

Q58. Calculer le poids équivalent d'un agent oxydant capable d'oxyder de Fe^{2+} en Fe^{3+} si 0,55 g de l'oxydant nécessite 25 ml de solution de Fe^{2+} 0,64 M. En comparant avec les données du tableau périodique, identifier l'oxydant.

Sol58. La réaction d'oxydation peut être exprimée comme suit:

Oxydation: $Fe^{2+} \rightarrow Fe^{3+} + 1e^-$

Au point d'équivalence:

$$C_{oxydant} \times V_{oxydant} = n_{oxydant} = \left(\frac{m}{M}\right)_{oxydant} = C_{reductant} \times V_{reductant}$$

où n est le nombre de moles, m est la masse et M est la masse molaire de l'oxydant.

$$M_{oxydant} = \frac{m_{oxydant}}{C_{reductant} \times V_{reductant}} = \frac{0,55}{0,64 \times 0,025} = 34,37 \text{ g mol}^{-1}$$

La comparaison de cette valeur avec les masses molaires de tableau périodique indique que l'élément pourrait être du chlore Cl. La légère différence pourrait être due à des erreurs de mesure.

Q59. Calculer le nombre de moles de H_2SO_4 neutralisant 30 ml de 0,15 N HI selon la réaction:

$H_2SO_4 + HI \rightarrow H_2S + I_2 + 4H_2O$

Assurez-vous que la réaction est équilibrée en masse et en charge.

Sol59. La réaction n'est pas équilibrée, et en multipliant HI par 8 et I_2 par 4, elle devient équilibrée.

$H_2SO_4 + 8HI \rightarrow H_2S + 4I_2 + 4H_2O$

À la neutralization: $N_{H2SO4} \times V_{H2SO4} = n_{H2SO4} = N_{HI} \times V_{HI}$

La stœchiométrie de la réaction indique que 1 mole de H_2SO_4 réagit avec 8 moles de HI.

Donc, $n_{H2SO4} = 0,15 \times 0,03 \times \left(\frac{1}{8}\right) = 0,00056$ moles

Q60. Déterminer les espèces réduites/oxydées ainsi que les réducteurs/oxydants dans chacune des réactions déséquilibrées suivantes.

$6H^+ + MnO_4^- + 5SO_3^{2-} \rightarrow 5SO_4^{2-} + 2Mn_2 + 3H_2O$

$3Cl_2 + 6OH^- \rightarrow ClO_3^- + 5Cl^- + 3H_2O$

Sol60. Chaque réaction globale est composée de deux demi-réactions. La méthode du nombre d'oxydation pourrait être utilisée pour déterminer les espèces réduites/oxydées ainsi que les réducteurs/oxydants.

Pour la réaction: $6H^+ + MnO_4^- + 5SO_3^{2-} \rightarrow 5SO_4^{2-} + 2Mn_2 + 3H_2O$

Le nombre d'oxydation de Mn diminue de +7 dans MnO_4^- à 0 dans Mn_2. Ainsi, MnO_4^- est l'espèce réduite en Mn_2 et SO_3^{2-} est oxydée en SO_4^{2-}. MnO_4^- est l'oxydant et SO_3^{2-} est le réducteur.

Pour la réaction: $3Cl_2 + 6OH^- \rightarrow ClO_3^- + 5Cl^- + 3H_2O$

Le nombre d'oxydation de Cl a augmenté de 0 dans Cl_2 à +6 dans ClO_3^-. Aussi, il a diminué de 0 dans Cl_2 à -1 dans Cl^-. Ainsi, Cl_2 est oxydé en ClO_3^- et Cl_2 est réduit en Cl^-. Dans ce cas, Cl_2 joue le rôle à la fois d'oxydant et de réducteur pour donner différents agents réducteurs et oxydants.

Q61. Un agent réducteur est titré par 20 ml de 0,5 g d'une solution de I_2 en tant qu'oxydant pour transformer I_2 en I^-. Estimer la molarité et normalité de la solution d'agent réducteur.

Sol61. La molarité est définie par:

$$\frac{nombre\ de\ moles}{volume} = \frac{masse}{mass\ molaire \times volume} = \frac{0,5}{(126,9 \times 2) \times 20 \times 10^{-3}} = 0,0985 \text{ mol L}^{-1}$$

La réduction de I_2 consomme 2 électrons selon la réaction suivante:

Réduction: $I_2 + 2e^- \rightarrow 2I^-$

Le nombre d'oxydation de I passe de 0 dans I_2 à -1 dans I^-. Par conséquent, le nombre d'électrons transférés est de $2e^-$. En d'autres termes, la réduction de I_2 implique 2 moles d'électrons.

La normalité est calculée comme suit: molarité × nombre de moles d'électrons = 0,0985 × 2 = 0,197 équivalent litre^{-1}

Q62. Expliquer le fonctionnement de la cellule de Daniell en utilisant des réactions d'oxydoréduction. Les potentiels standards sont: E^o (Zn^{2+}/Zn) = -0,76 V vs. ENH et E^o (Cu^{2+}/Cu) = 0,34 V vs. ENH.

Sol62. La cellule de Daniell est composée de deux pots: l'un contient une tige de Zn immergée dans une solution de $ZnSO_4$ et l'autre une tige de Cu placée dans une solution de $CuSO_4$. Pour assurer un flux d'électrons à travers le circuit externe, les tiges sont reliées par un fil conducteur. Le transport d'ions dans le circuit interne est assuré par un pont salin. Les électrons s'écoulent de Zn vers le Cu. Puisque le potentiel de (Zn^{2+}/Zn) est inférieur à celui de (Cu^{2+}/Cu), l'oxydation se produira au pôle de Zn et la réduction au pôle Cu.

Oxydation: $Zn_{(s)} \rightarrow Zn^{2+}_{(aq)} + 2e^-$

Réduction: $Cu^{2+}_{(aq)} + 2e^- \rightarrow Cu_{(s)}$

Réaction globale: $Zn_{(s)} + Cu^{2+}_{(aq)} \rightarrow Zn^{2+}_{(aq)} + Cu_{(s)}$

Q63. Calculer la tension d'une cellule composée d'une tige de Cu immergée dans du $CuSO_4$ 1M attachée à une électrode d'hydrogène immergée dans une solution de HCl 1M à 25°C. Le potentiel standard de (Cu^{2+}/Cu) = 0,34 V vs. ENH.

Sol63. Notez bien que les conditions fournies sont les standards: température de 25°C, concentration de 1 mol L^{-1} et pression de 1 Atm. Par conséquent, il n'est pas nécessaire d'utiliser l'équation de Nernst mais les potentiels standards suffisent pour estimer la tension de la cellule (ou *fem^o*). Les deux demi-réactions et la réaction globale peuvent être résumées comme suit:

Oxydation: $H_{2(g)} \rightarrow 2H^+ + 2e^-$, $E^o = 0,00$ V

Réduction: $Cu^{2+} + 2e^- \rightarrow Cu_{(s)}$, $E^o = 0,34$ V

Réaction globale: $Cu^{2+} + H_{2(g)} \rightarrow Cu_{(s)} + 2H^+$

Le potentiel standard de l'électrode à hydrogène est 0 V, et le potentiel de la réaction globale est la somme des potentiels des deux demi-réactions écrites comme ci-dessus: *fem^o* = 0 + 0,34 = 0,34 V

Q64. Considérer une cellule électrochimique avec la réaction globale suivante:

$Au^+ + Cu \rightarrow Cu^{2+} + Au$

Écrire les deux demi-réactions et la réaction globale équilibrée. Calculer le potentiel de la cellule aux conditions standards. Les potentiels standards sont: E^o (Cu^{2+}/Cu) = +0,34 V vs. ENH et E^o (Au^+/Au) = +1,68 V vs. ENH.

Sol64. La réaction globale indique que le nombre d'oxydation de Au diminue de +1 dans Au^+ à 0 dans Au. Donc, le terminal Au assurera la demi-réaction de réduction. L'état d'oxydation de Cu a augmenté de 0 dans Cu à +2 dans Cu^{2+}, indiquant que la demi-réaction d'oxydation se produira à au terminal de Cu.

Oxydation: $Cu \rightarrow Cu^{2+} + 2e^-$, $E^o = -0,34$ V

Réduction: $(Au^+ + e^- \rightarrow Au) \times 2$, $E^o = +1,68$ V

Réaction globale: $2Au^+ + Cu \rightarrow Cu^{2+} + 2Au$

Notez bien que le potentiel de la demi-réaction de Cu est inversé car elle est écrite sous la forme oxydée. En outre, la réaction de réduction est multipliée par un facteur de 2 pour éliminer le nombre d'électrons dans la réaction globale.

Le potentiel de la cellule est la somme des potentiels des deux demi-réactions écrites comme ci-dessus: *fem^o* = (-0,34) + 1,68 = +1,34 V

Q65. Considérer une cellule avec la réaction globale déséquilibrée suivante:

$Sn^{4+} + Ce^{3+} \rightarrow Sn^{2+} + Ce^{4+}$

i) Écrire les deux demi-réactions et la réaction globale équilibrée. ii) Calculer le potentiel de la cellule (ou *fem*) aux conditions standards. iii) La cellule est-elle spontanée? iv) Est-il possible d'estimer la tension de la cellule à des températures et concentrations plus élevées? Les potentiels standards sont: E^o (Ce^{4+}/Ce^{3+}) = +1,61 V vs. EMH et E^o (Sn^{4+}/Sn^{2+}) = +0,15 V vs. ENH.

Sol65. i) La réaction globale indique que le nombre d'oxydation de Sn a diminué de +4 dans Sn^{4+} à +2 dans Sn^{2+}. Ainsi, le terminal Sn assurera la demi-réaction de réduction. L'état d'oxydation de Ce a augmenté de +3 dans Ce^{3+} à +4 dans Ce^{4+}, indiquant que la demi-réaction d'oxydation se produira au terminal de Ce.

Oxydation: $(Ce^{3+} \rightarrow Ce^{4+} + e^-) \times 2$, $E^o = -1,61$ V

Réduction: $Sn^{4+} + 2e^- \rightarrow Sn^{2+}$, $E^o = +0,15$ V

Réaction globale: $Sn^{4+} + 2Ce^{3+} \rightarrow Sn^{2+} + 2Ce^{4+}$

ii) Notez bien que le potentiel de la demi-réaction de Ce est inversé car elle est écrite sous la forme oxydée. En outre, la réaction d'oxydation est multipliée par un facteur de 2 pour éliminer le nombre d'électrons dans la réaction globale.

Le potentiel de cellule (ou *fem*) est la somme des potentiels des deux demi-réactions écrites comme ci-dessus: $fem^o = (-1,61) + 0,15 = -1,46$ V

iii) Puisque le potentiel de la cellule est négatif, l'énergie libre de Gibbs est donc positive ($\Delta G = -nFE$), ce qui signifie que la réaction n'est pas spontanée.

iv) Oui, il est possible d'estimer le potentiel de la cellule à des conditions différentes des standards en utilisant l'équation de Nernst: $E = fem = fem^o - \frac{RT}{nF} Ln\, Q$, où Q est le quotient de réaction exprimant les concentrations des espèces redox.

Q66. Considérer la réaction globale: $AgCl \rightarrow Ag^+ + Cl^-$

Identifier les deux demi-réactions redox et estimer la constante de solubilité de AgCl aux conditions standards. Les potentiels standards sont: $E^o (Ag^+/Ag) = +0,8$ V vs. ENH et $E^o (AgCl/Ag) = +0,22$ V vs. ENH.

Sol66. La réaction globale indique que le nombre d'oxydation de Ag a diminué de +1 dans AgCl à 0 dans Ag. Ainsi, il assurera la demi-réaction de réduction. Le nombre d'oxydation de Ag a augmenté de 0 dans Ag à +1 dans Ag^+, ce qui suggère que la demi-réaction d'oxydation se produira à cette extrémité.

Oxydation: $Ag \rightarrow Ag^+ + 1e^-$, $E^o = -0,8$ V

Reduction: $AgCl + 1e^- \rightarrow Ag + Cl^-$, $E^o = +0,22$ V

Réaction globale: $AgCl \rightarrow Ag^+ + Cl^-$

La constante d'équilibre de solubilité de la réaction pourrait être estimée par l'équation de Nernst: $fem = fem^o - \frac{RT}{nF} Ln\ Q$, où Q est le quotient de réaction exprimant les concentrations (ou activités) des espèces redox.

À l'équilibre, $Q = K_{eq} = K_s = \frac{(Ag^+)(Cl^-)}{(AgCl)}$, et la tension de la cellule (ou *fem*) est nulle parce que $\Delta G = 0$.

Donc, $fem^o = \frac{RT}{nF} Ln\ K_s = \frac{0{,}0592}{n} Log\ K_s$

Cela donne: $Log\ K_s = \left(\frac{1}{0{,}0592}\right) \times fem^o = \left(\frac{1}{0{,}0592}\right) \times (-0{,}8 + 0{,}22)$

En somme, $K_s = 1{,}6 \times 10^{-10}$

Q67. Considérer la réaction globale:

$Hg_2Cl_2 \rightarrow Hg_2^{2+} + 2Cl^-$

La constante de solubilité de Hg_2Cl_2 est $K_s = 1{,}3 \times 10^{-18}$ et le potentiel standard de (Hg_2^{2+}/Hg) est +0,79V vs. ENH. Calculer le potentiel du couple redox (Hg_2Cl_2/Hg).

Sol67. À partir de la réaction globale, la constante de solubilité peut être écrite comme suit:

$K_s = \frac{(Hg_2^{2+})(Cl^-)^2}{(Hg_2Cl_2)}$

Cette réaction globale pourrait être décomposée en demi-réactions d'oxydation et réduction. Les couples redox fournis aideront à déterminer ces réactions.

Oxydation: $2Hg \rightarrow Hg_2^{2+} + 2e^-$, $E^o = -0{,}79$ V

Reduction: $Hg_2Cl_2 + 2e^- \rightarrow 2Hg + 2Cl^-$, $E^o = ?$ V

Notez bien que l'oxydation et la réduction pourraient également être identifiées en calculant la variation des nombres d'oxydations des éléments: augmentation = oxydation et diminution = réduction.

L'équation de Nernst indique que: $fem = fem^o - \frac{RT}{nF} Ln\ Q$, où Q est le quotient de réaction exprimant les concentrations (ou activités) des espèces redox.

À l'équilibre, *fem* = 0 parceque $\Delta G = 0$ et $Q = K_s$.

Donc, $fem^o = \frac{RT}{nF} Ln\ K_s = \frac{0{,}0592}{2} Log\ (1{,}3 \times 10^{-18}) = -0{,}529$ V

À son tour, la *fem* est la somme des potentiels des deux demi-réactions écrites comme ci-dessus.

$fem^o = -0{,}529 = -0{,}79 + E_{red}$

Cela mène à: E^o (Hg_2Cl_2/Hg) = + 0,27 V vs. ENH

Q68. Ag^+ en présence de CN^- forme un complexe de type $Ag(CN)_2^-$. i) Écrire la réaction globale montrant la formation du complexe. ii) Diviser cette réaction globale en deux demi-réactions redox (oxydation et réduction). iii) Est-il possible d'estimer la concentration de CN^- si la constante de complexation à l'équilibre (K_c) est connue? iv) Estimer la *fem* et *fem°* à l'équilibre.

Sol68. i) L'interaction entre Ag^+ et CN^- forme un complexe selon la réaction de complexation globale suivante:

$Ag^+ + 2CN^- \rightarrow Ag(CN)_2^-$

La constante de complexation de cette réaction est: $K_c = \frac{(Ag(CN)_2^-)}{(Ag^+)(CN^-)^2}$

ii) Cette réaction globale pourrait être décomposée en deux demi-réactions d'oxydation et de réduction:

Oxydation: $Ag + 2CN^- \rightarrow Ag(CN)_2^- + 1e^-$

Réduction: $Ag^+ + 1e^- \rightarrow Ag$

iii) A l'équilibre, la stœchiométrie de la réaction indique que 1 mole d'Ag^+ réagit avec 2 moles de CN^- pour former 1 mole $Ag(CN)_2^-$. La constante d'équilibre devient:

$K_c = \frac{(CN^-)}{(CN^-)(2 \times (CN^-))^2} = \frac{1}{4(CN^-)^2}$

Par conséquent, la connaissance de la constante d'équilibre devrait permettre de déterminer la concentration de CN^-.

iv) En utilisant l'équation de Nernst, il est possible d'estimer la *fem* and *fem°*.

$fem = fem^o - \frac{RT}{nF} Ln\, Q$, où Q est le quotient de réaction.

À l'équilibre, *fem* = 0 car l'énergie libre de Gibbs est égale à zéro et $Q = K_c$.

Donc, $fem^o = \frac{RT}{nF} Ln\, K_c$

En connaissant K_c et T, *fem°* pourrait être calculé (n = 1).

Q69. i) Considérons les deux couples redox impliqués dans la corrosion de Fe et Al avec E^o (Fe^{2+}/Fe) = -0,41 V vs. ENH et E^o (Al^{3+}/Al) = -1,66 V vs. ENH. Lequel des deux métaux est facile à corroder et pourquoi? ii) Par quels moyens la corrosion pourrait-elle être évitée?

Sol69. i) Les potentiels redox indiquent que l'Al est plus facile à oxyder que le Fe car il a un potentiel inférieur. Donc, en théorie, l'Al est facile à corroder que le Fe. Cependant, la différence de structures cristallines entre le Fe et l'Al contredit ces hypothèses. En effet, l'Al est très résistant à la corrosion en comparant au Fe. La raison est liée à la formation d'oxydes d'aluminium au cours des premières étapes de sa corrosion. Ces oxydes ont une structure cristalline similaire à celle d'Al. En conséquence, les premières couches d'oxydes formées pendant la corrosion se déposent et adhèrent bien à la surface d'Al, formant une couche protectrice qui empêche une corrosion supplémentaire. Par comparaison, les oxydes formés lors des premiers stades de corrosion de Fe ont des structures cristallines très différentes de celle de Fe. Par conséquent, les oxydes n'adhèrent pas correctement à la surface de Fe mais se déposent plutôt sous forme de flocons. Ceci permet à plus d'humidité et d'oxygène de s'infiltrer vers le Fe restant pour provoquer une corrosion supplémentaire.

ii) Plusieurs méthodes pourraient être utilisées pour prévenir ou ralentir la corrosion des métaux, y compris la peinture, la galvanoplastie et l'utilisation d'électrodes sacrificielles.

Les peintures hautement adhésives peuvent empêcher la corrosion des métaux car elles empêchent l'humidité et l'oxygène d'atteindre le métal et amorcent ainsi le processus de corrosion. Cependant, à long terme, cela a souvent ses limites car la peinture pourrait se détacher du métal et la corrosion pourrait se produire. Un entretien continu du matériel est requis au fil du temps.

L'autre procédé de protection contre la corrosion consiste à déposer des couches minces de métaux non corrosifs (comme l'or ou platine) sur les métaux corrosifs (comme le fer). En galvanoplastie, le métal est souvent immergé dans un bain contenant des sels dissous de métaux non corrosifs comme $AuCl_3$ et H_2PtCl_6, entre autres. Un potentiel cathodique est ensuite appliqué pour déposer les cations métalliques sur la surface métallique corrosive. Ce procédé est souvent plus efficace que la peinture mais il a aussi des limites car les films déposés pourraient se détériorer au fil du temps. Plus la couche déposée est épaisse, meilleure est sa stabilité dans le temps.

La troisième manière de protéger les métaux corrosifs est par le moyen d'électrodes sacrificielles comme le magnésium (Mg). Par exemple, en connectant une électrode de Mg à un morceau de Fe, la corrosion sera plus concentrée sur le Mg en raison de son potentiel inférieur ($Mg^{2+} + 2e^- \rightarrow Mg$, -2,37 V vs. ENH). Cela protégera le Fe contre la corrosion. La maintenance du système par remplacement des électrodes de Mg détériorées après une corrosion sévère est nécessaire pour garder la corrosion loin de l'autre métal.

Q70. Comparer la tendance de corrosion du Fe à celle d'Al.

Sol70. L'Al a plus tendance à résister à la corrosion que le fer. Lors de la corrosion d'Al, une couche d'oxydes d'Al se forme sur sa surface, ce qui empêche une corrosion supplémentaire de l'Al restant. En revanche, la corrosion du Fe forme des flocons d'oxydes/hydroxydes de Fe qui sont très poreux pour arrêter le processus de corrosion. Par conséquent, la corrosion continuera et progressera vers les couches plus profondes de Fe.

Q71. Estimer la *fem* de la cellule suivante: $2Al_{(s)} \mid 2Al^{3+}_{(aq)} \mid\mid 3Fe^{2+}_{(aq)} \mid 3Fe_{(s)}$. Les potentiels standards sont: $E^o(Al^{+3}/Al) = -1,66$ V vs. ENH et $E^o(Fe^{2+}/Fe) = -0,44$ V vs. ENH.

Sol71. La meilleure méthode pour calculer correctement le potentiel (ou *fem*) est d'abord d'écrire les deux demi-réactions avec leurs potentiels correspondants puis de les additionner. Le diagramme de cellule indique que l'oxydation se produit au terminal d'Al et la réduction au terminal de Fe.

Oxydation: $2Al_{(s)} \rightarrow 2Al^{3+}_{(aq)} + 6e^-$, $E^o = +1,66$ V

Reduction: $3Fe^{2+}_{(aq)} + 6e^- \rightarrow 3Fe_{(s)}$, $E^o = -0,44$ V

Réaction globale: $2Al_{(s)} + 3Fe^{2+}_{(aq)} \rightarrow 2Al^{3+}_{(aq)} + 3Fe_{(s)}$

Notez bien que le potentiel d'Al est inversé parce que la réaction est écrite sous la forme oxydée.
Le potentiel de cellule (ou *fem*) est la somme des potentiels des deux demi-réactions écrites comme ci-dessus: *fem* = 1,66 + (-0,44) = 1,22 V

Q72. Considérons une cellule électrochimique composée de deux demi-cellules: la première est constituée d'une tige de Cu immergée dans $CuSO_4$ (4M) et l'autre d'une tige de Mg immergée dans $MgSO_4$ (1M). i) Cette cellule pourrait-elle éventuellement produire une *fem*? Si oui, quelle serait son origine? ii) Estimer la *fem* de la cellule par temps sec à 35 °C. iii) Cette cellule pourrait-elle éventuellement être utilisée dans les moteurs de démarrage automobile? Sinon, proposer un design adapté à cette application. Les potentiels standards sont: $E^o(Mg^{2+}/Mg) = -2,37$ V vs. ENH et $E^o(Cu^{2+}/Cu) = 0,337$ V vs. ENH.

Sol72. i) Oui, cette cellule produira une différence de potentiel. L'origine de cette force électromotrice est la différence de potentiel standard entre les métaux (Cu et Mg), ainsi que la différence de concentration ionique (4M et 1M). Les potentiels standards indiquent que l'oxydation se produit au niveau de la demi-cellule de Mg en raison de son potentiel faible et la réduction au niveau de la demi-cellule de Cu.

Oxydation: $Mg \rightarrow Mg^{2+} + 2e^-$, $E^o = +2,37$ V

Reduction: $Cu^{2+} + 2e^- \rightarrow Cu$, $E^o = 0,337$ V

Réaction globale: Mg + Cu^{2+} → Mg^{2+} + Cu

Notez bien que le potentiel standard de la demi-réaction de Mg est inversé en signe car elle est écrite sous la forme oxydée.

iii) La force électromotrice de la cellule globale peut être estimée au moyen de l'équation de Nernst.

$$fem = fem^o - \frac{RT}{nF} Ln\, Q = fem^o - \frac{RT}{nF} Ln\, Q\, \frac{(Mg^{2+})}{(Cu^{2+})} = (2{,}37 + 0{,}337) - \frac{8{,}31 \times 308{,}1}{2 \times 96485} Ln\, Q\, \frac{1}{4} = 2{,}72\ V$$

iii) Cette cellule fournit une tension substantielle qui pourrait être utilisée pour alimenter des moteurs de démarrage des véhicules. Cependant, la cellule ne sera pas adaptée à cette application car les électrolytes sont liquides, ce qui la rend difficile à manipuler pendant le déplacement des véhicules. Une autre alternative pour adopter cette cellule pour cette application est par remplacement des solutions de CuSO$_4$ et MgSO$_4$ par des électrolytes solides.

Q73. Quelle est l'origine de la force électromotrice induite dans une cellule de concentration? Exprimer la force électromotrice en fonction des concentrations des espèces.

Sol73. Dans la cellule de concentration, les électrodes sont faites du même matériau mais les électrolytes dans les deux demi-cellules ont des concentrations différentes. Par conséquent, la force électromotrice provient de la différence entre les deux concentrations. L'équation de Nernst pour la cellule de concentration peut s'écrire comme suit:

$$fem = fem^o - \frac{RT}{nF} Ln\, Q,$$ où Q représente le quotient de réaction lié aux concentrations (ou activités) des espèces redox. Les cellules de concentration génèrent souvent des très faibles tensions car la $fem^o = 0$, et seul le gradient de concentration compte (Q).

Q74. AgCl est un sel légèrement soluble en solution aqueuse. L'électrochimie pourrait-elle être utilisée pour déterminer la concentration de Ag$^+$?

Sol74. Oui, l'électrochimie peut être utilisée pour déterminer les concentrations des sels légèrement solubles comme le AgCl en utilisant l'équation de Nernst.

Réaction de solubilité: AgCl → Ag$^+$ + Cl$^-$

$$fem = fem^o - \frac{RT}{nF} Ln\, Q = fem^o - \frac{RT}{nF} Ln\, (Ag^+)(Cl^-)$$

Q75. i) Qu'arrive-il à une tige de fer exposée à des conditions humides? Expliquer les phénomènes en utilisant des réactions redox. ii) Comment ce phénomène pourrait-il être évité? iii) Le même phénomène se produirait-il sur une tige d'Al exposée aux mêmes conditions?

Sol75. i) Si une tige de Fe est placée dans des conditions humides, elle se corrodera après un certain temps. La présence d'humidité et d'oxygène (oxydant) dans l'air attaque la surface du Fe et l'oxydation se produit pour former du Fe^{2+}.

Oxydation: $Fe \rightarrow Fe^{2+} + 2e^-$, $E^o = 0,41$ V

Reduction: $\frac{1}{2}O_2 + H_2O + 2e^- \rightarrow 2OH^-$, $E^o = 0,4$ V

Le Fe^{2+} se combinera avec de OH^- pour former des précipités ou des complexes d'oxydes/hydroxydes, apparaissant sous forme de flocons sur la tige de Fe.

ii) Plusieurs méthodes pourraient être utilisées pour empêcher le processus de corrosion de se produire ou au moins de ralentir sa cinétique, y compris la peintures/adhésifs, galvanoplastie et utilisation d'électrodes sacrificielles.

L'application d'un adhésif/peinture sur la surface du Fe empêchera l'humidité et l'oxygène d'attaquer la surface du Fe et prévient la corrosion.

La galvanoplastie consiste à déposer des couches minces de métaux ayant une bonne résistance à la corrosion, comme le Ni. Dans ce processus, Fe est immergé dans des sels métalliques du métal non corrosif et un potentiel est appliqué pour entraîner les cations métalliques et se déposer sur la tige de Fe.

Les électrodes sacrificielles sont un autre moyen de prévenir la corrosion. En couplant le Fe au Mg, il sera possible d'empêcher la corrosion de Fe car Mg se corrodera d'abord en raison de son très faible potentiel par rapport à celui de Fe. Ce procédé est souvent utilisé pour protéger les bateaux et les navires contre la corrosion dans les eaux salées des mers/océans, où les processus de corrosion sont encore accélérés en raison de la teneur élevée en sels (électrolytes à conductivité élevée).

iii) L'Al exposé à des conditions humides ne se corrodera pas comme le Fe en raison de la différence entre les structures cristallines de Fe et l'Al. Au cours des premières étapes de la corrosion, la couche supérieure d'Al subira une corrosion pour former des oxydes. Cependant, comme la structure cristalline des oxydes formés est proche de celle d'Al, les produits de corrosion couvriront la surface d'Al de façon homogène et formeront une couche protectrice qui limitera plus de corrosion.

Q76. i) Selon vous, que se passera-t-il si de la poudre de Zn (0,5 M) est mise en suspension dans une solution de $CuCl_2$ (pH = 0)? ii) Voyez-vous une évolution du gaz pendant cette réaction? iii) Expliquer pourquoi cette configuration ne générera pas une force électromotrice. iv) Proposer une meilleure conception de l'utilisation de ces composants pour produire une force électromotrice. Les potentiels standards sont: E^o (Zn^{2+}/Zn) = -0,76 V vs. ENH et E^o (Cu^{+2}/Cu) = 0,34 V vs. ENH.

Sol76. i) La différence de potentiel entre le Cu et Zn va créer une sorte de cellule galvanique. La poudre de Zn est composée de Zn métal broyé en particules fines. La suspension de ces particules en milieu acide va oxyder le Zn en raison de son potentiel plus faible en présence du couple réducteur Cu^{2+}/Cu qui a un potentiel plus élevé. Les réactions suivantes se produiront en solution acide.

Oxydation: $Zn \rightarrow Zn^{2+} + 2e^-$

Reduction: $Cu^{2+} + 2e^- \rightarrow Cu$

ii) Parce que la solution est acide, l'évolution d'hydrogène peut également se produire en fonction de la réaction suivante.

$2H^+ + 2e^- \rightarrow H_2$

Cependant, comme le potentiel de (Cu^{2+}/Cu = 0,337 V) est plus élevé que celui de (H^+/H_2 = 0 V), le Cu sera plus susceptible de se réduire que les protons.

iii) Il est peu probable que la réaction globale produise une force électromotrice, car aucun séparateur n'est utilisé et la plus grande partie du courant produit sera court-circuitée.

iv) Pour extraire de la tension de cette cellule, les réactions à l'anode et cathode doivent d'abord être séparées par un pont salin ou une membrane pour empêcher le mélange des ions. La cellule pourrait alors être connectée à un circuit externe (un fil électrique) pour laisser les électrons circuler d'un pôle à l'autre. Parce que la poudre de Zn est difficile à connecter, elle doit d'abord être pressée sous forme de pastilles et un fil métallique pourrait être connecté à la pastille de poudre pour recueillir les électrons. Ceci pourrait ensuite être immergé dans une solution de HCl (pH = 0.) Au pôle de réduction, une tige de Cu pourrait être immergée dans la solution de $CuCl_2$ pour permettre au Cu^{2+} de se réduire pour former un dépôt de Cu.

Q77. Considérer la cellule décrite par le diagramme suivant: Ag|AgCl/Cl⁻ (10^{-2}M)||Cu^{2+} (2M)|Cu

i) Identifier les deux demi-réactions redox ainsi que la réaction globale. ii) Calculer la force électromotrice de la cellule à 20°C. iii) Dans quelle direction les électrons circuleront-ils spontanément? Les potentiels standards sont: E^o (AgCl/Ag) = 0,22 V vs. ENH et E^o (Cu^{2+}/Cu) = 0,34 V vs. ENH.

Sol77. i) Le diagramme de la cellule indique que le pôle d'Ag est l'anode et celui de Cu est la cathode.

Oxydation: $2Ag + 2Cl^- \rightarrow 2AgCl + 2e^-$, $E^o = -0,22$ V

Reduction: $Cu^{2+} + 2e^- \rightarrow Cu$, $E^o = 0,34$ V

Réaction globale: $2Ag + 2Cl^- + Cu^{2+} \rightarrow 2AgCl + Cu$

ii) Les électrons s'écoulent du pôle d'Ag où ils sont générés vers le pôle de Cu où ils seront consommés pour déposer du Cu.

iii) Utilisation de l'équation de Nernst:

$fem = fem^o - \frac{RT}{nF} Ln\, Q = fem^o - \frac{RT}{nF} Ln\, \frac{1}{(Cu^{2+})(Cl^-)^2} = (-0,22 + 0,34) - \frac{8,31 \times 293,15}{2 \times 96485} Ln\, \frac{1}{(2)(10^{-2})^2} =$ 0,013 V

iii) L'énergie libre de la cellule est: $\Delta G = -nFfem$. Parceque $fem > 0$, donc $\Delta G < 0$, ce qui signifie que la réaction est spontanée dans cette direction.

Q78. Considérer la cellule suivante: $H_2\,|\,OH^-\,(10^{-4}\,M)\,||\,Br^-\,(10^{-3}\,M)\,|\,Br_2$

i) Identifier l'anode et la cathode et écrire les deux demi-réactions ainsi que la réaction globale. ii) Calculer la force électromotrice de la cellule et l'énergie libre à 1 atm et 45 °C. iii) La réaction est-elle spontanée? iv) Estimer la *fem* et ΔG à l'équilibre. Les potentiels standards sont: E^o (Br_2/Br^-) = 1,06 V vs. ENH et E^o (H_2O/H_2) = -0,86 V vs. ENH.

Sol78. i) La notation (ou diagramme) de la cellule indique que la demi-cellule de H_2 est l'anode et celle de Br_2 est la cathode.

Oxydation: $H_2 + 2OH^- \rightarrow 2H_2O + 2e^-$, $E^o = 0,86$ V

Reduction: $Br_2 + 2e^- \rightarrow 2Br^-$, $E^o = 1,06$ V

Réaction globale: $H_2 + Br_2 + 2OH^- \rightarrow 2H_2O + 2Br^-$

ii) Le potentiel peut être estimé en utilisant l'équation de Nernst:

$fem = fem^o - \frac{RT}{nF} Ln\, Q = fem^o - \frac{RT}{nF} Ln\, \frac{(Br^-)^2}{(OH^-)^2} = (0,86 + 1,06) - \frac{8,31 \times 318,15}{2 \times 96485} Ln\, \frac{(10^{-3})^2}{(10^{-4})^2} = 1,86$ V

iii) $\Delta G = -nFfem = -2 \times 96485 \times 1,86 = -358,94$ kJ mol^{-1}

L'énergie libre est négative, ce qui signifie que la réaction va spontanément générer de l'électricité.

iv) Lorsque l'équilibre est atteint, $\Delta G = 0$ et $fem = 0$.

Q79. Considérons une cellule composée de deux demi-cellules : $Sn|Sn^{2+}(0,15M)$ et $Fe|Fe^{3+}$ (0,05 M). i) Identifier la direction d'un flux spontané d'électrons et écrire les deux demi-réactions. ii) Estimer la *fem*^{o} de la cellule globale. iii) Cette cellule est-elle utile en termes d'énergie? Les potentiels standards sont: E^o (Sn^{2+}/Sn) = -0,14 V vs. ENH et E^o (Fe^{3+}/Fe) = -0,04 V vs. ENH.

Sol79. i) Les réactions d'oxydoréduction impliquées dans cette cellule sont:

$Sn^{2+} + 2e^- \rightarrow Sn$, E^o = -0,14 V

$Fe^{3+} + 3e^- \rightarrow Fe$, E^o = -0,04 V

ii) Donc, le terminal Sn assurera la demi-réaction d'oxydation et celui de Fe la demi-réaction de réduction. Cependant, comme les concentrations sont différentes des standards (1 M), l'ordre de potentiel pourrait être inversé. La meilleure façon de déterminer le flux d'électrons dans ces conditions est de calculer les deux potentiels et comparer les valeurs.

L'équation de Nernst peut être utilisée pour calculer des potentiels à des conditions différentes des standards.

$$E_{Sn} = E_{Sn}^0 - \frac{RT}{nF} Ln \frac{1}{(Sn^{2+})} = -0,14 - \frac{8,31 \times 298,15}{2 \times 96485} Ln \frac{1}{(0,15)} = -0,164 \text{ V}$$

$$E_{Fe} = E_{Fe}^0 - \frac{RT}{nF} Ln \frac{1}{(Fe^{3+})} = -0,04 - \frac{8,31 \times 298,15}{3 \times 96485} Ln \frac{1}{(0,05)} = -0,065 \text{ V}$$

Puisque le pôle de Sn a toujours le potentiel le plus bas, il assurera que la demi-réaction d'oxydation et le pôle de Fe avec un potentiel relativement élevé assurera la demi-réaction de réduction. Les réactions d'oxydoréduction dans cette cellule sont les suivantes:

Oxydation: ($Sn \rightarrow Sn^{2+} + 2e^-$) × 3

Réduction: ($Fe^{3+} + 3e^- \rightarrow Fe$) × 2

Réaction globale: $3Sn + 2Fe^{3+} \rightarrow 3Sn^{2+} + 2Fe$

Pour annuler les électrons de la réaction globale, chaque demi-réaction est multipliée par le nombre d'électrons de l'autre demi-réaction. Par conséquent, les électrons vont s'écouler de terminal de Sn où ils sont générés par l'oxydation vers le terminal de Fe où ils seront consommés pour réduire le Fe^{3+} en Fe.

iii) $fem^0 = 0,14 - 0,04 = 0,1$ V

$$fem = fem^o - \frac{RT}{nF} Ln \frac{(Sn^{2+})^3}{(Fe^{3+})^2} = 0,1 - \frac{8,31 \times 298,15}{2 \times 96485} Ln \frac{(0,15)^3}{(0,05)^2} = 0,096 \text{ V}$$

iv) Cette cellule délivre une très faible tension de 0,096 V, ce qui ne serait pas utile pour la plupart des applications, sauf peut-être en micro ou nanoélectronique.

Q80. i) Calculer la *fem* de la cellule suivante: Cd│Cd^{2+} (10^{-7} M)││Pb^{2+} (10^7 M)│Pb à 5 °C. ii) Estimer l'énergie libre ΔG de la cellule. iii) La réaction est-elle spontanée? iv) Calculer le potentiel de chaque demi-cellule. v) Les deux potentiels sont-ils additifs? Les potentiels standards sont: E^o (Pb^{2+}/Pb) = -0,13 V vs. ENH et E^o (Cd^{2+}/Cd) = -0,4 V vs. ENH.

Sol80. i) Le diagramme de cellule suggère que le Cd immergé dans Cd^{2+} est l'anode et Pb immergé dans Pb^{2+} est la cathode. Le moyen le plus simple pour déterminer le potentiel et le flux d'électrons est d'écrire les deux demi-réactions avec leurs potentiels standards (avec signe correct), puis d'estimer la tension de la cellule globale.

Oxydation: $Cd \rightarrow Cd^{2+} + 2e^-$, E^o = 0,4 V

Reduction: $Pb^{2+} + 2e^- \rightarrow Pb$, E^o = -0,13 V

Réaction globale: $Cd + Pb^{2+} \rightarrow Cd^{2+} + Pb$

Notez bien que le potentiel standard de la réaction de Cd est inversé en signe car elle est écrite sous la forme oxydée.

L'utilisation de l'équation de Nernst donne:

$$fem = fem^o - \frac{RT}{nF} Ln \frac{(Cd^{2+})}{(Pb^{2+})} = (0,4 - 0,13) - \frac{8,31 \times 278,15}{2 \times 96485} Ln \frac{(10^{7-})}{(10^7)} = 0,656 \text{ V}$$

ii) L'énergie libre de la réaction est: ΔG = -nF*fem* = -2 × 96485 × 0,656 = -126,58 kJ mol^{-1}

iii) L'énergie libre est négative, ce qui signifie que la réaction se produit spontanément.

iv) L'équation de Nernst peut également être utilisée pour estimer le potentiel de chaque demi-cellule séparément.

$$E_{Cd} = E_{Cd}^0 - \frac{RT}{nF} Ln \frac{(Cd^{2+})}{(Cd)} = 0,4 - \frac{8,31 \times 278,15}{2 \times 96485} Ln \frac{(10^{7-})}{1} = 0,59 \text{ V}$$

$$E_{Pb} = E_{Pb}^0 - \frac{RT}{nF} Ln \frac{(Pb)}{(Pb^{2+})} = -0,13 - \frac{8,31 \times 278,15}{2 \times 96485} Ln \frac{1}{(10^7)} = 0,06 \text{ V}$$

v) Oui, on peut voir que les potentiels sont additifs puisque le potentiel global est la somme des potentiels des deux demi-réactions.

Table des Matières

Offres de réduction	1
Introduction	2
Sommaire	3
1. Cellules électrolytiques	3
1.1. Électrolyse	3
1.2. Galvanoplastie	5
2. Cellules galvaniques/voltaïques (ou batteries)	5
2.1. Cellule de Daniell	6
2.2. Cellule à électrode d'hydrogène	8
2.3. Cellule de Weston	8
2.4. Cellules sèches	9
2.5. Batteries réversibles à base de plomb	9
2.6. Piles à combustible	10
3. Titrations redox	11
4. Solubilité, précipitation et réactions de complexation	11
5. Corrosion	12
6. Combustion	12
Résumé	13
Références	14
Questions Pratiques et Problèmes avec Solutions	15
Table des matières	59
À Propos De l'Auteur	61

www.ingramcontent.com/pod-product-compliance
Lightning Source LLC
Chambersburg PA
CBHW081019240526
45471CB00017B/3423